Eman Refaat

Nanopartículas: Absorção e Mecanismo de Toxicidade no Organismo

AF297408

Eman Refaat

Nanopartículas: Absorção e Mecanismo de Toxicidade no Organismo

ScienciaScripts

Imprint

Any brand names and product names mentioned in this book are subject to trademark, brand or patent protection and are trademarks or registered trademarks of their respective holders. The use of brand names, product names, common names, trade names, product descriptions etc. even without a particular marking in this work is in no way to be construed to mean that such names may be regarded as unrestricted in respect of trademark and brand protection legislation and could thus be used by anyone.

Cover image: www.ingimage.com

This book is a translation from the original published under ISBN 978-3-659-81784-7.

Publisher:
Sciencia Scripts
is a trademark of
Dodo Books Indian Ocean Ltd. and OmniScriptum S.R.L publishing group

120 High Road, East Finchley, London, N2 9ED, United Kingdom
Str. Armeneasca 28/1, office 1, Chisinau MD-2012, Republic of Moldova, Europe
Printed at: see last page
ISBN: 978-620-8-14080-9

Copyright © Eman Refaat
Copyright © 2024 Dodo Books Indian Ocean Ltd. and OmniScriptum S.R.L publishing group

ÍNDICE DE CONTEÚDOS

Mecanismo de toxicidade das nanopartículas no organismo

A nanotecnologia é uma ciência multidisciplinar emergente que envolve aplicações baseadas na síntese de moléculas de dimensão nanométrica (ou seja, 10-9 m). O conceito de "nanotecnologia" deriva, em parte, da palavra grega "nano", que significa "anão". Do ponto de vista das ciências dos materiais, a criação de novos produtos utilizando nanomateriais artificiais é interessante porque, à medida que se desce na escala nanométrica (ou seja, reduzindo a gama de tamanhos de partículas abaixo de - 100 nm), sabe-se que as propriedades das partículas se alteram; e a implementação destas propriedades pode ser explorada para fornecer produtos com aplicações melhoradas. Por exemplo, as partículas de ouro podem mudar de cor para vermelho ou azul à medida que o tamanho das partículas diminui na gama nanométrica. Além disso, as partículas de dióxido de titânio de grau pigmentar (geralmente na gama de tamanhos de 300-400 nm) perdem a sua cor branca e tornam-se incolores (ou seja, transparentes) em intervalos de tamanho de partícula decrescentes que se aproximam dos 50 nm. Esta caraterística pode ser útil na produção de cosméticos (por exemplo, protectores solares), bem como noutras aplicações. Alguns tipos de partículas que têm sido utilizados para propriedades de isolamento elétrico podem tornar-se condutores ao nível da nanoescala; ou substâncias insolúveis podem tornar-se mais solúveis abaixo dos 100 nm. Consequentemente, as alterações nas propriedades físicas servem para aumentar a versatilidade e a eficácia no desenvolvimento de produtos, resultando em aplicações industriais e médicas mais eficazes, concomitantemente com a produção de produtos mais versáteis e eficazes (Colvin, 2003).

As nanopartículas (por vezes designadas por partículas ultrafinas) são geralmente definidas como tipos de partículas com uma dimensão de pelo menos uma dimensão na gama de b100 nanómetros. Um nanómetro (nm) corresponde aproximadamente à largura de 10 átomos de hidrogénio. Para efeitos de comparação da dimensão das partículas com parâmetros biológicos e celulares, um glóbulo vermelho (eritrócito) tem aproximadamente 7 micrómetros (pm) de diâmetro ou 7000 nm. O tamanho de algumas bactérias é frequentemente medido na gama de 1 pm (ou 1000 nm) e sabe-se que alguns vírus têm um tamanho entre 60-100 nm. Os termos "ultralne" e "nano" têm sido frequentemente utilizados indistintamente, sendo o último considerado como uma nomenclatura mais atual. Este facto deu origem a alguma confusão, uma vez que alguns investigadores se referiram ao termo "ultrafino" para se referirem a partículas geradas através de fontes de combustão, enquanto que os tipos de nanopartículas artificiais são frequentemente fabricados intencionalmente para intervalos específicos de dimensão de partículas para aplicações particulares.

Dadas as alterações que se verificam nas propriedades físicas e químicas à medida que as dimensões das partículas diminuem dentro da gama da nanoescala (e, por conseguinte, assumem propriedades diferentes das das partículas de dimensão "maior"), não é irrazoável supor que os efeitos biológicos associados à exposição a nanopartículas possam também diferir dos seus homólogos a granel. Consequentemente, a avaliação dos potenciais riscos para a saúde relacionados com a exposição a nanomateriais artificiais é uma área emergente na toxicologia, na avaliação da exposição e na avaliação dos riscos para a saúde. O desenvolvimento de conjuntos de dados sobre a toxicidade, bem como de metodologias para facilitar as avaliações da exposição a vários tipos de nanopartículas, está a surgir à medida que se desenvolvem novas partículas e materiais.

Desde meados da década de 1990, os poucos estudos de toxicidade pulmonar efectuados com partículas ultrafinas no modelo do rato demonstraram que a exposição dos pulmões a partículas ultrafinas ou nanopartículas produz maiores respostas inflamatórias e fibróticas adversas quando comparadas com partículas de maiores dimensões de composição semelhante ou idêntica em doses/massas de concentração equivalentes. Praticamente todos estes estudos sobre partículas foram efectuados com ratos (uma espécie reconhecidamente sensível) e em condições de sobrecarga de partículas (doses elevadas). Contribui para estes efeitos a elevada deposição específica de tamanho das nanopartículas quando inaladas como partículas monodispersas em vez de partículas agregadas. Alguns dados sugerem que as partículas ultrafinas ou nanopartículas inaladas e os esforços normais de depuração dos macrófagos alveolares e ganham acesso a outros compartimentos anatómicos do sistema respiratório, incluindo o interstício pulmonar e a vasculatura sistémica. Os resultados da limitada base de dados toxicológicos fomentaram a perceção de que todas as nanopartículas são provavelmente mais tóxicas do que as partículas inesizadas (Oberdorster, 2000; Donaldson, Stone, Clouter, Renwick, & MacNee, 2001).

Foram identificados alguns dos principais factores e questões susceptíveis de influenciar os riscos ambientais, de saúde e de segurança relacionados com a exposição a anomateriais. O documento não foi concebido para ser um tratado exaustivo sobre nanotecnologia, mas centrar-se-á em alguns aspectos importantes e actuais associados à avaliação dos efeitos na saúde. Estes incluem o seguinte:

1) importância dos estudos de caraterização das partículas; 2) desenvolvimento de um Quadro de Risco Nano e correspondentes estudos de perigos do conjunto de base; 3) um exemplo de estudos mecanicistas de bioensaios de toxicidade pulmonar com partículas de nanoquartzo; 4) estudos sobre o desenvolvimento de ensaios de rastreio in vitro para a toxicidade pulmonar de tipos de partículas; e 5) questões de manuseamento seguro de nanomateriais em laboratório.

2. Importância da realização de estudos de caraterização físico-química dos tipos de nanopartículas Tal como referido na secção Introdução, o desenvolvimento de uma base de dados de segurança para as partículas à escala nanométrica está a evoluir à medida que são desenvolvidas novas partículas, materiais e metodologias de exposição. Os dados de alguns estudos de toxicidade pulmonar em ratos demonstram que a exposição a ultrafinas/nanopartículas (definidas como b100 nm numa dimensão) pode produzir uma maior toxicidade quando comparada com tipos de partículas finas (a granel) de composição química semelhante (Donaldson et al., 2001; Oberdorster, 2000).

Foi postulado que as determinações da área de superfície das partículas e do número de partículas desempenham um papel significativo na influência do desenvolvimento da toxicidade pulmonar relacionada com as nanopartículas. Os pressupostos destes estudos eram de que as únicas diferenças (ou seja, variáveis) entre os tipos de partículas ultrafinas e finas eram as dimensões das partículas; no entanto, uma análise mais aprofundada destes estudos indica que uma série de outras caraterísticas físico-químicas, incluindo a estrutura cristalina, o potencial de agregação e os revestimentos de superfície, eram diferentes nos vários tipos de partículas que estavam a ser comparados. Além disso, os resultados de outros estudos recentes com nanoquartzo e tipos de partículas ultrafinas de dióxido de titânio demonstram que a toxicidade de alguns tipos de nanopartículas pode estar relacionada, em grande parte, com a reatividade da superfície das partículas, influenciando o desenvolvimento de respostas inflamatórias e citotóxicas no pulmão (Warheit, Webb, Colvin, Reed, & Sayes, 2007a; Warheit, Webb, Reed, Frerichs, & Sayes, 2007b).

As superfícies e interfaces das partículas são componentes particularmente importantes dos materiais à nanoescala. À medida que o tamanho das partículas diminui, a proporção de átomos que se encontram à superfície aumenta em relação à proporção dentro do seu volume. Isto resulta em tipos de partículas à nanoescala que são susceptíveis de se tornarem mais reactivas, gerando assim catalisadores mais eficazes numa variedade de aplicações. No entanto, quando se consideram as potenciais implicações para a saúde, é provável que os grupos reactivos na superfície das partículas também influenciem os efeitos biológicos (potencialmente toxicológicos) quando comparados com superfícies não reactivas ou revestimentos de superfície que tendem a passivar. Consequentemente, as alterações na química da superfície que formam o "invólucro" de um tipo de nanopartícula (núcleo) podem ser importantes e relevantes para os efeitos na saúde após a exposição (ver Fig.1). Além disso, os revestimentos superficiais podem ser utilizados para alterar as propriedades superficiais das nanopartículas, a fim de evitar a agregação ou aglomeração com diferentes tipos de partículas, e/ou podem servir para "passivar" o tipo de partícula, a fim de atenuar os efeitos dos oxidantes reactivos induzidos pela radiação ultravioleta. É interessante considerar que os revestimentos de superfície, que funcionam para reduzir a agregação concomitantemente com a facilitação da dispersão de partículas, são susceptíveis de aumentar a eficácia do tipo de partícula na sua aplicação concebida, mas também podem facilitar a translocação de nanopartículas do trato respiratório para a circulação sistémica e, assim, aumentar significativamente a distribuição de nanopartículas e a exposição a locais em todo o corpo (ou seja, potencial faca de dois gumes?) (Oberdorster et al., 2005; Borm et al., 2006). Para resumir este conceito relativo à importância da dinâmica núcleo-casca das nanopartículas para os efeitos biológicos, deve notar-se que, de uma perspetiva toxicológica, dois tipos diferentes de nanopartículas que contenham dióxido de titânio como "núcleo" podem não ter o mesmo potencial de perigo, ou mesmo um potencial de perigo semelhante. Podem existir diferenças nas estruturas cristalinas (anatase vs. rutilo), na reatividade da superfície, no estado de agregação, na distribuição do tamanho das partículas, na área da superfície, bem como nos revestimentos da superfície - incluindo a passivação e a neutralização. Estas diferenças nas caraterísticas físico-químicas das partículas, apesar de um "núcleo" semelhante, podem resultar em diferenças comparativas nas potências dos parâmetros in "amatórios e citotóxicos pulmonares, que vão desde impactos benignos a impactos mais moderados na saúde (Warheit et al., 2007b).

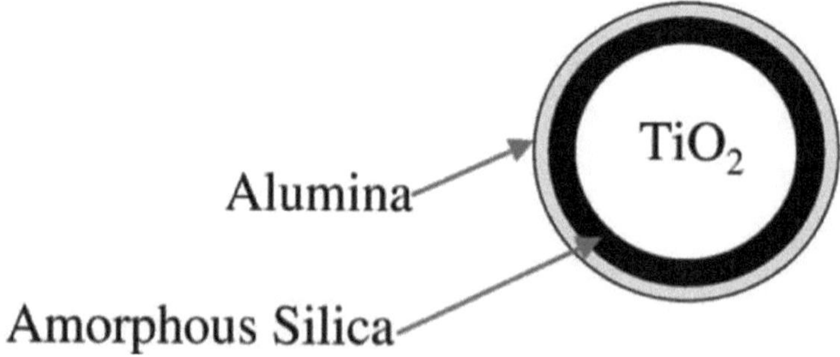

Fig. (1). Esquema de uma partícula de TiO2 (núcleo) com tratamentos de superfície (casca) contendo sílica amorfa e alumina (como revestimentos exteriores), (copiado de Warheit et al. Toxicol Sci. 88:514-524, 2005).

Muitas organizações científicas ou grupos de trabalho recomendaram vivamente que os investigadores realizassem caracterizações exaustivas das propriedades físico-químicas dos tipos de nanopartículas que estão a ser avaliados para efeitos de ensaios de toxicidade. No entanto, esta recomendação torna-se, com demasiada frequência, numa extensa lista de caraterísticas do material que não tem uma prioridade adequada. Consequentemente, a fim de descrever adequadamente as caraterísticas físicas do tipo de nanopartícula que está a ser avaliado, recomendámos anteriormente que, no mínimo, os experimentalistas devem caraterizar as seguintes propriedades físico-químicas (priorizadas) antes de realizarem estudos de perigo com tipos de nanopartículas:

• Tamanho e distribuição do tamanho das partículas (estado húmido) e área de superfície (estado seco) nos meios relevantes que estão a ser utilizados - dependendo da via de exposição;

• Estrutura cristalina/cristalinidade;

• Estado de agregação nos meios de comunicação relevantes;

• Composição/revestimentos de superfície;

• Reatividade da superfície;

• Método de síntese e/ou preparação de nanomateriais, incluindo modificações pós-sintéticas (por exemplo, neutralização de tipos de partículas ultrafinas de TiO2);

• Pureza da amostra; (Warheit, 2008).

Esta caraterização físico-química recomendada dos tipos de nanopartículas deve ser implementada antes do início da experimentação toxicológica. Nunca é demais salientar que, na ausência de uma descrição adequada das caraterísticas físico-químicas do tipo de nanopartícula em estudo (bem como das condições experimentais utilizadas), os resultados da toxicidade são significativos. Além disso, as conclusões de estudos anteriormente comunicados podem não ser comparáveis a estudos passados ou futuros realizados com tipos de nanomateriais semelhantes, porque as caraterísticas materiais dos tipos de partículas em estudo não foram especificadas.

3. Avaliar os riscos associados à exposição a nanomateriais: o quadro de nanoriscos

O Quadro de Nano-Riscos (2007) foi desenvolvido e promulgado conjuntamente por duas organizações, nomeadamente a Environmental Defense e a DuPont Company, com o objetivo de facilitar um processo sistemático de reconhecimento dos riscos para a saúde e segurança ambientais (EHS) associados à exposição a produtos recentemente desenvolvidos que contêm materiais à escala nanométrica. Em primeiro lugar e acima de tudo, a determinação dos riscos para a saúde ou para o ambiente exige uma compreensão das avaliações de perigo e de exposição. Além disso, em muitas circunstâncias, a avaliação ou o potencial de exposição não podem ser quantificados, quer devido a limitações de medição (metodologias) no ambiente, quer devido a limitações tecnológicas na medição da exposição a nanopartículas no local de trabalho. Por conseguinte, as avaliações da exposição têm frequentemente de ser estimadas com base em considerações razoáveis e informadas sobre o ciclo de vida do produto. Além disso, o quadro de proteção ambiental e de saúde poderia incluir um conjunto de base de estudos de perigo que proporcionasse uma avaliação razoável e pragmática da toxicidade do tipo de nanopartículas para a saúde humana e considerações ambientais. O Quadro de Risco Nano consiste em seis etapas básicas que correspondem a fases de desenvolvimento e é um processo integrador. Este quadro pode ser descarregado no seguinte endereço do sítio Web: www. nanoriskframework.com. Em resumo, as seis etapas são descritas de seguida: Etapa 1. Descrever o material e a aplicação

Passo 2. Ciclo(s) de vida do perfil

2A. Propriedades do nanomaterial

2B. Perigos do nanomaterial

2C. Exposições do nanomaterial

Etapa 3. Avaliar os riscos

Etapa 4. Avaliação da gestão de riscos

Etapa 5. Decidir, documentar e agir

Passo 6. Rever e adaptar

Para o utilizador deste quadro de nanorisco, as etapas 2A, 2B e 2C são claramente as componentes mais intensivas do quadro. A etapa 2A foi concebida para identificar e caraterizar as propriedades físicas e químicas do nanomaterial. A etapa 2B caracteriza o perfil de perigo e identifica os potenciais perigos do nanomaterial para a segurança, a saúde e o ambiente. Um exemplo da aplicação da metodologia do quadro de referência para avaliar os perigos de um material de TiO2 ultrafino recentemente desenvolvido pode não ser comparável a estudos passados ou futuros efectuados com tipos de nanomateriais semelhantes, porque as caraterísticas materiais dos tipos de partículas em investigação não foram aceleradas. 3. Avaliar os riscos associados à exposição a nanomateriais: o quadro de nanorisco O Quadro de Risco Nano (2007) foi desenvolvido e promulgado conjuntamente por duas organizações, nomeadamente a Environmental Defense e a DuPont Company, com o objetivo de facilitar um processo sistemático de reconhecimento dos riscos para a saúde e segurança ambientais (EHS) associados à exposição a produtos recentemente desenvolvidos que contêm materiais à escala nanométrica. Em primeiro lugar e acima de tudo, a determinação dos riscos para a saúde ou para o ambiente exige uma compreensão das avaliações de perigo e de exposição. Além disso, em muitas circunstâncias, a avaliação da exposição ou o potencial de exposição não podem ser quantificados, quer devido a limitações de medição (metodologias) no contexto ambiental, quer devido a limitações tecnológicas na medição da exposição a nanopartículas no local de trabalho.

Por conseguinte, as avaliações da exposição têm frequentemente de ser estimadas com base em considerações razoáveis e informadas sobre o ciclo de vida do produto. Além disso, o quadro da EHS poderia incluir um conjunto de base de estudos de perigos que proporcionaria uma avaliação razoável e pragmática da toxicidade do tipo de nanopartículas para a saúde humana e considerações ambientais.

O quadro de nanorisco é composto por seis etapas básicas que correspondem a fases de desenvolvimento e é um processo integrador. Este quadro pode ser descarregado no seguinte endereço do sítio Web: www. nanoriskframework.com. Em resumo, as seis etapas são descritas de seguida: Etapa 1. Descrever o material e a aplicação

Passo 2. Ciclo(s) de vida do perfil

2A. Propriedades do nanomaterial

2B. Perigos do nanomaterial

2C. Exposições do nanomaterial

Etapa 3. Avaliar os riscos

Etapa 4. Avaliação da gestão de riscos

Etapa 5. Decidir, documentar e agir

Passo 6. Rever e adaptar

Para o utilizador deste quadro de nanorisco, as etapas 2A, 2B e 2C são claramente as componentes mais intensivas do quadro. A etapa 2A foi concebida para identificar e caraterizar as propriedades físicas e químicas do nanomaterial. A etapa 2B caracteriza o perfil de perigo e identifica os potenciais perigos do nanomaterial para a segurança, a saúde e o ambiente. Um exemplo da aplicação da metodologia do Quadro para avaliar os perigos de um material de TiO2 ultrafino recentemente desenvolvido é descrito abaixo. A etapa 2C foi concebida para identificar e caraterizar o potencial de exposição humana ou ambiental ao nanomaterial, incluindo a exposição relacionada com a utilização prevista do produto, bem como com libertações acidentais durante o ciclo de vida do produto. O aspeto do ciclo de vida do quadro incentiva fortemente o utilizador a considerar o modo como as propriedades físico-químicas, os perigos e/ou as exposições do nanomaterial podem ser alterados durante o ciclo de vida do material, por exemplo, após o tempo de vida normal do produto, possivelmente seguido de eliminação.

No que diz respeito à implementação da componente de perigo do Quadro com um novo material, os resultados de toxicidade de um conjunto básico de ensaios de perigo num tipo de partícula ultrafina de TiO2 rútilo (uf-TiO2) recentemente desenvolvido e bem caracterizado foram previamente comunicados (Warheitet al., 2007c).

A nanotecnologia foi definida como a conceção, a caraterização, a produção e a aplicação de estruturas, dispositivos e sistemas através do controlo da forma e do tamanho à escala nanométrica, enquanto as nanopartículas são classificadas como partículas com uma ou mais dimensões da ordem dos 100 nm ou menos (Welsher e Yang 2014). A investigação sobre nanopartículas é atualmente uma área de intenso interesse científico devido às suas vastas aplicações potenciais em diversos domínios, incluindo o biomédico, o ótico e o eletrónico. Os nanosistemas semicondutores, metálicos, magnéticos e poliméricos tornaram possível o diagnóstico precoce e novos tratamentos para muitas doenças, incluindo a esclerose múltipla, a aterosclerose e o cancro (Chauhan et al., 2011). Por exemplo, as nanopartículas superparamagnéticas de óxido de ferro (SPION) têm sido utilizadas para a marcação magnética, o isolamento de células, a hipertermia, a imagiologia e a libertação controlada de fármacos (Hazra e Ghosh 2000). As entidades baseadas em nanomateriais têm aplicações potenciais no desenvolvimento de veículos inteligentes de administração de fármacos, implantes biocompatíveis, sistemas de sensores e de diagnóstico e, para além das aplicações biomédicas, as NPs são também utilizadas comercialmente em vários produtos, como componentes electrónicos, tintas anti-riscos, equipamento desportivo, cosméticos, aditivos alimentares e revestimentos de superfícies. Tendo em conta as suas potenciais aplicações, estão a ser produzidos diariamente nanomateriais artificiais com novas propriedades químicas e físicas, o que resulta num aumento da exposição do ambiente e dos seres humanos. No entanto, há pouca compreensão das propriedades toxicológicas únicas das NPs e do seu impacto a longo prazo na saúde humana e, de facto, existe uma lacuna considerável entre a literatura disponível sobre a produção de nanomateriais e as avaliações da toxicidade.

Ultimamente, os estudos sobre a poluição atmosférica têm produzido provas indirectas do papel das nanopartículas derivadas da combustão (CDNP) na produção de efeitos adversos para a saúde em grupos susceptíveis. Razoavelmente, devido ao seu tamanho nanométrico, as NPs são capazes de entrar no corpo humano explorando várias superfícies anatómicas semi-abertas dos seres humanos, nomeadamente a pele, o trato respiratório e o trato gastrointestinal (TGI). Foi demonstrado que, através da inalação, entram no trato respiratório (via mais comum de exposição) e, através da ingestão ou da via nasofaríngea, podem entrar no TGI. Podem também romper os tecidos cutâneos intactos e, além disso, podem translocar a circulação sistémica e, através da corrente sanguínea, atingir vários órgãos do corpo, como o fígado, o baço, a medula óssea e o sistema nervoso, incluindo o cérebro. Além disso, os implantes e as injecções também desempenham um papel menor na sua entrada no corpo.

Desde a antiguidade, os seres humanos têm estado direta ou indiretamente expostos a NPs. A toxicologia das partículas e os consequentes efeitos adversos para a saúde das fibras de amianto e do pó de carvão servem de referência para o desenvolvimento de conceitos nanotoxicológicos (Oberdorste et al., 2005).

Devido à diversidade das suas propriedades químicas, ópticas, magnéticas e estruturais, os nanomateriais podem apresentar diferentes perfis toxicológicos, pelo que a generalização dos potenciais efeitos toxicológicos é extremamente difícil (Bakand et al., 2012) e exige um estudo a nível individual. As nanopartículas típicas que têm sido estudadas a este respeito incluem o dióxido de titânio, a alumina, o óxido de zinco, o negro de carbono, os nanotubos de carbono e o "nano-C60". A sobrecarga de nanopartículas pode provocar reacções de stress que podem levar a inflamações e enfraquecer o sistema de defesa do organismo. As nanopartículas não degradáveis ou de degradação lenta não só se acumulam nos órgãos do corpo como também podem interagir ou interferir com processos biológicos no interior do corpo.

Embora o tamanho seja o fator-chave na determinação da toxicidade potencial de uma partícula, outras propriedades, incluindo a composição química, a forma, a estrutura da superfície, a carga superficial, a agregação, a presença de um grupo funcional e a solubilidade, desempenham o seu papel na transmissão da toxicidade. A composição química das nanopartículas é responsável pela sua reatividade, enquanto a sua carga superficial é responsável pelas interações electrostáticas. A relação entre a área de superfície e o volume destas partículas aumenta a sua interação com as moléculas circundantes. É de salientar que, quando expostas a tecidos e fluidos, podem ser imediatamente adsorvidas na sua superfície e afetar as suas funcionalidades. A hidrofobicidade e, por vezes, os grupos lipofílicos das nanopartículas permitem-lhes interagir com as proteínas e as membranas, respetivamente. Além disso, a nanoestrutura complementar pode causar a inibição da atividade enzimática, competitiva ou não competitiva, enquanto a acumulação de uma partícula inerte no corpo pode desencadear a formação de tecido em torno da entidade estranha, levando à formação de um tecido cicatricial.

Mecanismo de toxicidade das nanopartículas no organismo

Ao contrário das partículas maiores, as nanopartículas podem ser absorvidas pelas mitocôndrias e pelo núcleo das células e podem causar mutações no ADN e danos estruturais importantes nas mitocôndrias, resultando mesmo na morte celular. Os nanomateriais, como as nanopartículas de ouro revestidas a prata, os fulerenos, as micelas de copolímeros em bloco e os nanotubos de carbono, podem localizar-se nas mitocôndrias e induzir apoptose, formação de ERO, danos no ADN, paragem do ciclo celular e mutagénese, o que pode ser intrigante como fonte de toxicidade *in vivo* (Unfried et al., 2007).

A toxicidade dos nanomateriais pode ocorrer através de três mecanismos diferentes no organismo: *i*) processo de dissolução dos nanomateriais em meios biológicos, *ii*) propriedades catalisadoras dos nanomateriais e *iii)* evolução da redução e oxidação (Redox) das superfícies (Kumar2006).7 Foi demonstrado que as nanopartículas podem penetrar nas células e, por transcitose, atravessar as células epiteliais e endoteliais até à circulação linfática, atingindo várias partes sensíveis do corpo, como a medula óssea, o cérebro, o baço, o coração e o sistema nervoso, incluindo o cérebro. Em modelos experimentais, observou-se que a exposição a nanomateriais provoca stress oxidativo, geração de ERO, perturbação mitocondrial, inflamação, lesões cerebrais e do sistema nervoso periférico, perda de atividade enzimática, aterogénese, trombose, acidente vascular cerebral, enfarte do miocárdio, autoimunidade e danos no ADN que conduzem a mutagénese e carcinogénese. É de salientar que as nanopartículas podem atingir as mitocôndrias e os núcleos das células, o que, por sua vez, causa mutações no ADN e induz danos estruturais importantes e morte celular (Alarifi et al., 2013), mas a maioria das toxicidades intracelulares e *in vivo* das NPs resulta da produção de espécies reactivas de oxigénio (ROS) em excesso (Unfried et al., 2007 & Sabella 2014). A Figura 2 descreve a interação das nanopartículas com a célula e os vários mecanismos envolvidos na nanotoxicidade.

Fig (2). Interação das nanopartículas com a célula e vários mecanismos envolvidos na toxicidade.

As espécies reactivas de oxigénio são fisiologicamente necessárias e potencialmente destrutivas. Embora os níveis moderados de ERO desempenhem papéis específicos na modulação de vários eventos celulares, o aumento dos níveis de ERO é indicativo de stress oxidativo e pode danificar as células através da peroxidação de lípidos, da alteração de proteínas, da perturbação do ADN, da interferência nas funções de sinalização e da modulação da transcrição de genes (Oberdorster et al., 2005, Jena & Biosci& Ray etal.,2012) e, finalmente, do cancro, da doença renal, da neurodegeneração, da doença cardiovascular ou pulmonar. A toxicidade dos ERO pode ser mais pronunciada no sistema nervoso central (SNC) devido ao elevado teor de ácidos gordos insaturados, que são susceptíveis à peroxidação (Ray et al., 2012). Os ERO desempenham também um papel no desenvolvimento de vasculopatias, incluindo as que definem a aterosclerose, a hipertensão e a reestenose após angioplastia (Griendling et al., 2003).

A acumulação de NPs no fígado e no baço leva a um desequilíbrio na homeostase das ROS e nas defesas antioxidantes, tornando estes órgãos os principais alvos do stress oxidativo.

Rallo et al. descreveram que o stress oxidativo induzido por nanopartículas afecta a sinalização celular em três fases. Um baixo nível de stress oxidativo aumenta a transcrição de genes de defesa através do fator de transcrição. Um nível mais elevado de stress oxidativo ativa a sinalização da inflamação através do NFkB, e níveis muito elevados estão ligados à ativação das vias apoptóticas e da necrose. A alteração destas vias de sinalização nas células está associada aos efeitos carcinogénicos das NPs. (Peterson e Nelson 2010) analisaram a toxicidade das ROS das NPs para o núcleo das células e para o material de ADN e observaram que esta leva a quebras de cadeia dupla, que são consideradas o tipo mais letal de danos oxidativos no ADN. Os danos no ADNmt devidos a uma quantidade excessiva de ERO estão associados a várias síndromes clínicas, como fraqueza muscular neurogénica, ataxia e retinite pigmentosa, encefalomiopatia mitocondrial, acidose láctica, episódios semelhantes a acidentes vasculares cerebrais, retinite pigmentosa, defeito de condução cardíaca e proteína elevada no líquido cefalorraquidiano (Kirkinezos et al., 2001).

Para além dos efeitos das ERO, certas propriedades físico-químicas das NP podem também induzir toxicidade. Para atenuar os efeitos dos ERO, foram dados alguns novos passos na conceção de NP. Recentemente, foram desenvolvidas nanopartículas de óxido de cério que incorporam defeitos de oxigénio que eliminam os radicais livres e previnem o stress oxidativo.

Nanopartículas: Vias de entrada, translocação e sua eliminação do corpo

As nanoestruturas podem entrar no corpo através de seis vias principais: intravenosa, dérmica, subcutânea, inalatória, intraperitoneal, oral e por inalação e, entre estas, a inalação de partículas nanométricas (NPs) por via aérea, ou seja, a entrada através do trato respiratório, é a via mais provável de exposição a nanopartículas. A exposição por outras vias não foi estudada em pormenor e é menos plausível, a menos que seja por ingestão direta através de alimentos ou medicamentos, por contacto dérmico através da aplicação de óleos e cremes para a pele, ou como contaminante na água através de um sistema de membranas tratado com nanopartículas. A absorção pode ocorrer quando as nanoestruturas interagem primeiro com componentes biológicos e, em seguida, podem ser distribuídas para vários órgãos do corpo e podem permanecer as mesmas estruturalmente, ser modificadas ou metabolizadas e podem residir nas células por um período de tempo desconhecido antes de saírem para se deslocarem para outros órgãos ou serem excretadas (Arora et al., 2012). A Figura 3 mostra as possíveis vias de entrada das nanopartículas no corpo e os seus efeitos adversos para a saúde.

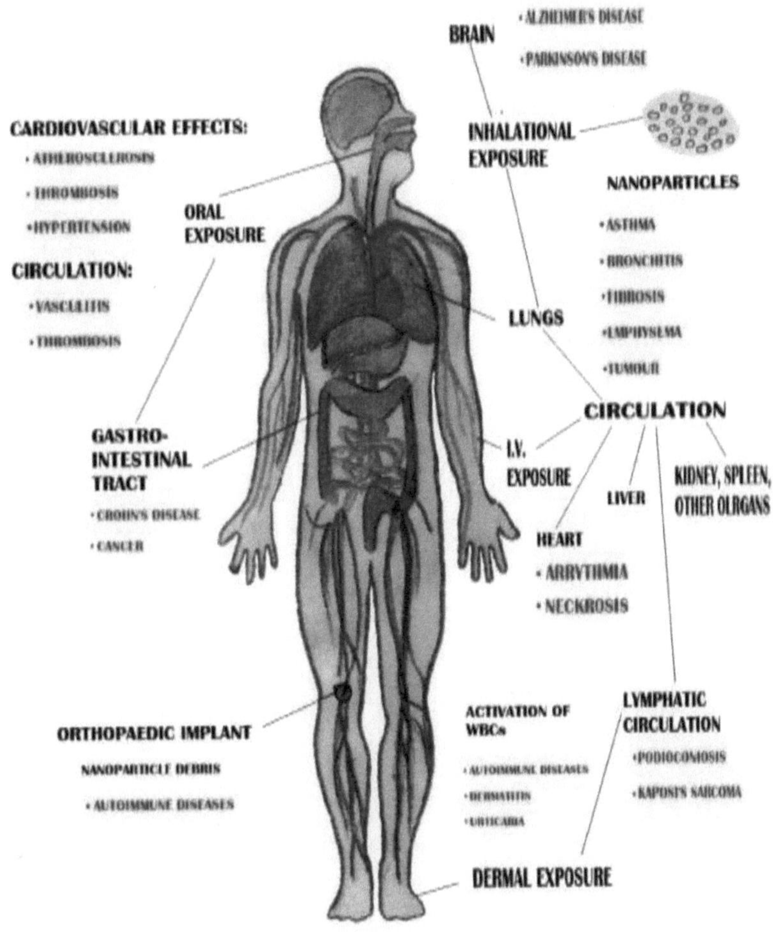

Figura (3). Possíveis vias de entrada das nanopartículas no organismo e seus efeitos adversos para a saúde.

Absorção respiratória de nanopartículas

A inalação de nanopartículas transportadas pelo ar através do trato respiratório é o meio mais comum de entrada nos seres humanos, como já foi referido. De notar que os pulmões representam a principal porta de entrada das partículas inaladas. Foi demonstrado que as nanopartículas inaladas se depositam eficazmente por mecanismos de difusão em todas as regiões dos pulmões e que, com a diminuição do tamanho das partículas, nomeadamente abaixo de 500 nm, a deposição aumenta devido ao aumento da mobilidade da difusão. (Hoet et al.2004) resumiram que a maioria dos materiais sólidos esféricos nanométricos entra facilmente nos pulmões. As partículas de diferentes tamanhos depositam-se de forma diferente nas vias respiratórias, bem como na região alveolar, pelo que apresentam efeitos diferentes em diferentes partes dos pulmões, o que é particularmente importante em crianças com pulmões em desenvolvimento e em doentes com asma e DPOC. Quanto mais pequenas forem as partículas, maior será a probabilidade de atingirem o epitélio de uma estrutura pulmonar. Os materiais sólidos de forma esférica com diâmetros de partículas inferiores a 10 microns podem atingir as superfícies de troca de gases.

As partículas de maior diâmetro, com tamanho e diâmetros de 10 microns ou mais, tendem a ser depositadas mais acima no trato respiratório como resultado da sedimentação gravitacional, impactação e interceção (Lippmann 1990). Muitas fibras de maior diâmetro são depositadas em "pontos de sela" na árvore respiratória ramificada. Nas paredes do epitélio do trato respiratório, as partículas contactam primeiro com o fluido de revestimento mucoso ou seroso e com a sua camada de surfactante no topo. Por conseguinte, é necessário distinguir o destino dos compostos de partículas solúveis neste fluido de revestimento do trato respiratório dos compostos de dissolução lenta ou mesmo insolúveis. A eliminação das partículas depositadas no trato respiratório faz-se por translocação física para outros locais e por eliminação química. A dissolução química no trato respiratório superior ou inferior ocorre para partículas biossolúveis nos fluidos intracelulares ou extracelulares, que são sequestradas para os sistemas circulatório e linfático. As NP de dissolução lenta e insolúveis depositadas nas vias respiratórias são eliminadas por meio da escada rolante mucociliar e da fagocitose pelos macrófagos alveolares. Nas vias respiratórias superiores, a eliminação das partículas é efectuada principalmente pela escada rolante mucociliar (Ferin 2004) para o trato gastrointestinal (Semmler et al., 2004), o sistema linfático (Liu et al., 2006) e os sistemas circulatórios.4 A partir do trato gastrointestinal, as nanopartículas são eliminadas nas fezes, enquanto que a partir dos sistemas linfático e circulatório podem ser distribuídas para órgãos, incluindo os rins, de onde pode ocorrer uma eliminação parcial ou total. Os cílios das células epiteliais dos brônquios deslocam as partículas pouco solúveis e insolúveis, que estão cobertas e presas na mucosa, dos pulmões para a faringe e a nasofaringe, sendo depois eliminadas através da tosse e dos espirros. As NP de dissolução lenta e insolúveis depositadas na região alveolar são apenas absorvidas e digeridas numa quantidade limitada pelos macrófagos alveolares, que transportam as nanopartículas para a laringe, onde são engolidas e excretadas após a passagem pelo trato gastrointestinal. As restantes NP interagem com as células do epitélio, sendo absorvidas por essas células ou transportadas para os espaços intersticiais. Como resultado, a maioria das NP deixa de ser retida como partículas livres no epitélio, enquanto as NP insolúveis podem permanecer durante meses e anos nos pulmões. As partículas com menos de 10 microns podem atingir as vias respiratórias inferiores (Ng et al., 2004). A eliminação das partículas dos alvéolos pulmonares ocorre principalmente através da fagocitose por macrófagos. Se a partícula for digerida por enzimas do lisossoma, os resíduos são removidos por exocitose. Caso contrário, a fagocitose é seguida por um movimento gradual dos macrófagos com partículas internalizadas em direção à escada rolante mucociliar, um processo que pode durar até 700 dias nos seres humanos.4 Se o macrófago não for capaz de digerir a partícula e se a partícula produzir danos na membrana fagossómica devido à peroxidação, tal conduzirá a uma redução da motilidade celular, a uma fagocitose prejudicada, à morte do macrófago e, em última análise, a uma redução da eliminação das partículas do pulmão (Brown et al., 2014). Se as partículas não puderem ser eliminadas pelos macrófagos, podem matar os macrófagos sucessivos que tentam eliminá-las e criar uma fonte de compostos oxidativos e inflamação com acumulação de resíduos de macrófagos sob a forma de pus. O stress oxidativo está associado a várias doenças, como o cancro, doenças neurodegenerativas e cardiovasculares. Este mecanismo de depuração alveolar não é perfeito, pois permite que nanopartículas mais pequenas penetrem no epitélio alveolar e alcancem o espaço intersticial e, a partir daí, podem entrar nos sistemas circulatório e linfático e chegar a outros locais do corpo (Takenaka et al., 2001). A fagocitose ocorre em diferentes áreas do corpo, com nomes diferentes, de acordo com a sua localização, tais como macrófagos alveolares, macrófagos esplénicos e células de Kupfer, respetivamente. A translocação após a inalação de NP no pulmão não é apenas em direção ao fígado, mas também ao baço, rins, cérebro e coração (Takenaka etal., 2001).

Absorção de nanopartículas pelo sistema nervoso

Está demonstrado que as nanopartículas inaladas atingem o sistema nervoso através dos nervos olfactivos26,4 ou rompendo a barreira hemato-encefálica (Borm et al., 2006 & Peters et al., 2006). Estudos mais recentes confirmam a absorção de nanopartículas inaladas pela mucosa olfactiva através dos nervos olfactivos (Oberdorster 2005 , Borm et al., 2006 & Oberdorsteret al., 2002). Estudos de inalação em ratos com nanopartículas de óxido de magnésio de 30 nm29 e de carbono de 20-30 nm (Oberdorster et al., 2002) indicam que as nanopartículas se translocam para o bolbo olfativo (Elder et al., 2006). A passagem de nanopartículas para o sistema nervoso também é possível através da barreira hemato-encefálica. No que diz respeito à passagem de nanopartículas, a permeabilidade da barreira hemato-encefálica depende da carga das nanopartículas (Lockman et al., 2004) e permite a passagem de um maior número de nanopartículas catiónicas em comparação com partículas neutras ou aniónicas, devido à perturbação da sua integridade (Lockman et al, 2004) O aumento da permeabilidade da barreira hemato-encefálica observado na hipertensão, na inflamação cerebral (Borm et al., 2006) e na inflamação do trato respiratório permite o acesso das nanopartículas ao sistema nervoso (Peters et al., 2006).

Absorção de nanopartículas pelos sistemas linfáticos

A translocação de nanopartículas para os gânglios linfáticos é atualmente um tema de intensa investigação para a administração de medicamentos e a imagiologia de tumores (Liu et al., 2006). Vários estudos demonstraram que as partículas injectadas intersticialmente passam preferencialmente através do sistema linfático e não através do sistema circulatório, provavelmente devido a diferenças de permeabilidade22 e localizam-se nos gânglios linfáticos (Liu et al., 2006). As nanopartículas livres que chegam aos gânglios linfáticos são ingeridas por macrófagos residentes (Shwe et al., 2005). As nanopartículas que conseguem entrar no sistema circulatório também podem aceder ao interstício e daí serem drenadas através do sistema linfático para os gânglios linfáticos como nanopartículas livres e/ou dentro de macrófagos (Liu et al., 2006 & Shwe et al., 2005).

Absorção de nanopartículas pelo sistema circulatório

As nanopartículas, ao contrário das partículas maiores, são capazes de se translocar através do epitélio respiratório depois de se depositarem nos pulmões (Oberdorster et al., 2005 & Geiser et al., 2005). Depois de atravessarem o epitélio respiratório, podem persistir no interstício durante anos ou entrar no sistema linfático e no sistema circulatório (Liu et al., 2006). Estudos de inalação ou instilação em animais saudáveis mostraram que as nanopartículas metálicas com tamanho inferior a 30 nm passam rapidamente para o sistema circulatório (Oberdorster et al., 2005, Liu et al., 2006 & Geiser et al., 2005), enquanto as nanopartículas não metálicas com tamanho entre 4 e 200 nm passam fracamente ou não passam de todo (Chen et al., 2006). Em contrapartida, os indivíduos que sofrem de doenças respiratórias e circulatórias têm uma permeabilidade capilar mais elevada, permitindo a rápida translocação de nanopartículas metálicas ou não metálicas para a circulação (Chen et al., 2006). A partir do sistema circulatório, é possível a translocação a longo prazo para órgãos como o fígado, o coração, o baço, a bexiga, os rins e a medula óssea, dependendo da duração da exposição (Oberdorster 2005). Estudos efectuados em animais comprovam a rápida translocação das nanopartículas metálicas dos pulmões para a circulação e para os órgãos. Estes resultados mostraram que as nanopartículas com diâmetros de 30 nm (Au) (Oberdorster 2005), 22 nm (TiO2) (Geiser et al., 2005) podem ser localizadas nos capilares pulmonares; enquanto as partículas de 15 nm (Ag) (Takenaka et al., 2001) e os fumos de soldadura (Donaldson et al., 2005) podem ser localizados no sangue, fígado, rim, baço, cérebro e coração. Estudos em ratos com inalação de nanopartículas de dióxido de titânio (22 nm de diâmetro) mostraram que estas podem translocar-se para o coração, como evidenciado pela sua presença no tecido conjuntivo do coração (fibroblastos) (Geiser et al., 2005).

No espaço de 30 minutos após a exposição, foram encontradas grandes quantidades de nanopartículas de ouro (30 nm) instiladas por via intratraqueal em plaquetas no interior dos capilares pulmonares de ratos (Oberdorster et al., 2005).

Pelo contrário, não há provas conclusivas da rápida translocação de nanomateriais não metálicos à base de carbono na circulação sistémica. A absorção de nanopartículas pelos glóbulos vermelhos é inteiramente ditada pelo tamanho, devido à ausência de receptores fagocíticos (Peters et al., 2006), enquanto a carga das nanopartículas ou o tipo de material desempenham um papel fraco. Pelo contrário, a carga das nanopartículas desempenha um papel essencial na sua absorção pelas plaquetas, influenciando assim o fenómeno da formação de coágulos sanguíneos (Nemmar et al., 2002). As nanopartículas carregadas negativamente inibem significativamente a formação de trombos, enquanto as nanopartículas carregadas positivamente aumentam a agregação plaquetária e a trombose (Nemmar et al., 2002) devido à interação das nanopartículas carregadas positivamente com as plaquetas carregadas negativamente, o que leva à redução da sua carga superficial, tornando-as mais propensas à agregação. Até agora, pensava-se que os coágulos sanguíneos se podiam formar devido a três causas principais: quando o fluxo sanguíneo é obstruído ou abrandado, quando as células endoteliais vasculares são danificadas ou devido à química do sangue.

No entanto, parece possível, tendo em conta as descobertas recentes, que as nanopartículas possam atuar como centros nucleadores de coágulos sanguíneos (Gatti et al., 2004). A análise microscópica e por espetrometria de dispersão de energia (EDS) de coágulos sanguíneos de doentes com doenças do sangue revelou a presença de nanopartículas estranhas (Gatti et al., 2004). Nomeadamente, os doentes com o mesmo tipo de doença sanguínea apresentam coágulos de tecido fibroso que incorporam nanopartículas de composição diferente.

Absorção de nanopartículas pelos órgãos

Foram detectados resíduos de micro e nanopartículas por microscopia eletrónica de varrimento em órgãos e no sangue de doentes com implantes ortopédicos (Gatti et al., 2002), toxicodependência (Gatti et al., 2002), próteses dentárias usadas (Ballestri 2001), doenças do sangue (Gatti & Rivasi 2004), cancro do cólon, doença de Crohn e colite ulcerosa (Gatti, 2004). A via de exposição mais provável envolve a translocação das nanopartículas inaladas dos pulmões para a circulação, seguida de absorção pelos órgãos. Estudos de inalação em ratos com fumos de soldadura de aço inoxidável mostraram que o manganês se acumula no sangue e no fígado (Donaldsonet al., 2005). Estudos de inalação em ratos com nanopartículas de prata de 4-10 nm mostraram que, em 30 minutos, as nanopartículas entram no sistema circulatório e, ao fim de um dia, podem ser encontradas no fígado, nos rins e no coração, até serem subsequentemente eliminadas destes órgãos ao fim de uma semana (Takenaka et al., 2001). A eliminação do fígado pode ocorrer através de secreção biliar para o intestino delgado. Um estudo de caso mostra que o desgaste de pontes dentárias leva à acumulação de nanopartículas de desgaste no fígado e nos rins (Ballestri et al., 2001). O tamanho máximo das partículas encontradas no fígado (20 microns) era maior do que nos rins (inferior a 6 microns), o que sugere que as partículas são absorvidas pela mucosa intestinal, translocam-se para o fígado antes de atingirem o sistema circulatório e os rins. Após a remoção das pontes dentárias, as partículas nas fezes já não são observadas.

Absorção de nanopartículas pelo trato gastrointestinal

As fontes endógenas de nanopartículas no trato gastrointestinal são derivadas da secreção intestinal de cálcio e fosfato (Gatti, 2004). As fontes exógenas são partículas provenientes de alimentos, tais como corantes - óxido de titânio, produtos farmacêuticos, água, ou cosméticos, incluindo pasta de dentes, batom, produtos dentários

detritos de próteses (Ballestri et al., 2001) e partículas inaladas (Takenaka et al., 2001). O consumo alimentar de nanopartículas nos países desenvolvidos está estimado em cerca de 1012 partículas/pessoa por dia (Ballestri et al., 2001) e consiste principalmente em TiO2 e silicatos mistos. Estas nanopartículas não se degradam com o tempo e acumulam-se nos macrófagos. Uma parte das partículas eliminadas pela escada rolante mucociliar pode ser subsequentemente ingerida no trato gastrointestinal. Além disso, verificou-se que uma pequena fração de nanopartículas inaladas passa para o trato gastrointestinal (Takenaka et al., 2001). As partículas que penetram no muco atingem os enterócitos e são capazes de se translocar ainda mais (Hoet et al., 2001). Doenças, como a diabetes, podem levar a uma maior absorção de nanopartículas no trato gastrointestinal (Hoet et al., 2001).

A extensão da absorção das partículas no trato gastrointestinal é afetada pelo tamanho, pela química e carga da superfície, pela duração da administração e pela dose (Hoet et al., 2001). A absorção de partículas no trato gastrointestinal diminui com o aumento do tamanho das nanopartículas. Por exemplo, o estudo de partículas de poliestireno com tamanho entre 50 nm e 3 pm indicou que a sua absorção é de

6,6%, 5,8%, 0,8% e 0% para nanopartículas de tamanho 50 nm, lOOnrn, lpm e 3 pm, respetivamente (Jani et al., 1990). A cinética das partículas no trato gastrointestinal depende fortemente da carga das partículas. As partículas de látex carregadas positivamente ficam presas no muco carregado negativamente, enquanto as nanopartículas de látex carregadas negativamente se difundem através da camada de muco e ficam disponíveis para interação com as células epiteliais (Hoet et al., 2001).

Presume-se geralmente que os nanomateriais não permanecem no trato gastrointestinal por períodos indefinidos (Hoet et al., 2001). A maioria dos estudos sobre nanopartículas ingeridas demonstrou que estas são eliminadas rapidamente; 98% nas fezes em 48 horas e a maior parte do restante através da urina.4 Contudo, outros estudos indicam que certas nanopartículas podem translocar-se para o sangue, baço, fígado, medula óssea, gânglios linfáticos, rins, pulmões e cérebro, podendo também ser encontradas no estômago e no intestino delgado (Jani et al., 1990).

Absorção dérmica de nanopartículas

A pele é composta por três camadas: epiderme, derme e subcutâneo, sendo a porção exterior da epiderme designada por stratum comeum (Hoet et al., 2001). Tal como acontece com muitos assuntos que envolvem nanopartículas, a penetração dérmica ainda é controversa (Borm et al., 2006). Vários estudos demonstraram que as nanopartículas são capazes de penetrar no estrato córneo (Oberdorster et al., 2005, (Borm et al., 2006), Toll et al., 2004 & Tinkle et al., 2003).A penetração das nanopartículas através da pele ocorre normalmente através dos folículos pilosos (Toll et al., 2004), da pele flexionada (Tinkle et al., 2003) e da pele quebrada.4 A penetração intracelular das nanopartículas também é possível, como demonstrado por experiências in vitro. Os MWCNTs são internalizados pelos queratinócitos epidérmicos humanos em vacúolos citoplasmáticos e induzem a libertação de mediadores pró-inflamatórios (Monteiro-Riviereet al., 2005). As partículas esféricas com diâmetro entre 750 nm e 6 microns penetram seletivamente na pele nos folículos pilosos com uma profundidade de penetração máxima de mais de 2400 microns (2,4 mm) (Monteiro-Riviereet al., 2005). A rutura da pele facilita a entrada de uma vasta gama de partículas maiores (500 nm - 7 pm) (Oberdorste et al., 2005). A translocação de nanopartículas da pele para o sistema linfático ocorre através de partículas do solo encontradas nos gânglios linfáticos, como foi revelado em doentes com podoconiose. O transporte neuronal de pequenas nanopartículas ao longo dos nervos sensoriais da pele também pode ser possível, de forma semelhante à via comprovada para o vírus do herpes (Oberdorste et al., 2005). Pensa-se que a penetração das nanopartículas de TiO2 (presentes nos protectores solares disponíveis no mercado) na pele (Tsuji et al., 2012) depende da percentagem de nanopartículas no protetor solar. Por exemplo, a aplicação de um protetor solar contendo 8% de nanopartículas (10-15nm) na pele de seres humanos não mostrou penetração, enquanto as emulsões de óleo em água mostraram penetração (Tsuji et al., 2012).

A exposição dérmica é outra fonte importante de absorção de NPs, especialmente devido ao interesse crescente na utilização de TiO2, ZnO e outras nanopartículas para proteção contra os raios ultravioleta em vários cremes dérmicos, loções e cosméticos. As partículas nanométricas podem entrar através da pele intacta durante a flexão do pulso (Toll et al., 2004). Foi observado que a flexão da pele pode levar à absorção de pérolas fluorescentes com um comprimento de micrómetro. As partículas de TiO2 (5-20 nm) são capazes de penetrar nas células da pele e interferir com o sistema imunitário, enquanto as nanopartículas de TiO2 anatase (10 nm e 20 nm) induzem danos oxidativos no ADN, peroxidação lipídica e formação de micronúcleos.

Absorção de nanopartículas por injeção

As nanopartículas injectáveis têm sido utilizadas em estudos de administração de fármacos. A translocação das nanopartículas após a injeção depende do local de injeção; as nanopartículas injectadas por via intravenosa espalham-se rapidamente pelo sistema circulatório, com subsequente translocação para órgãos como o fígado, o baço, a medula óssea, os gânglios linfáticos (Oberdorste et al., 2005), o intestino delgado, o cérebro e os pulmões; enquanto a injeção intradérmica leva à absorção pelos gânglios linfáticos e a injeção intramuscular é seguida de absorção pelos sistemas linfático e neuronal (Oberdorste et al., 2005). As nanopartículas injectadas por via intravenosa são retidas no organismo durante mais tempo do que as ingeridas. Por exemplo, 90% dos fulerenos funcionalizados injectados são retidos após uma semana de exposição (Oberdorste et al., 2005). O revestimento das nanopartículas com vários tipos e concentrações de tensioactivos antes da injeção afecta significativamente a sua distribuição no organismo (Araujo et al., 1999). Por exemplo, o revestimento com polietilenoglicol ou outras substâncias impede quase completamente a localização hepática e esplénica (Oberdorste et al., 2005 & (Araujo et al., 1999). Do mesmo modo, a modificação da superfície das nanopartículas com compostos catiónicos facilita a absorção arterial até 10 vezes. Um efeito secundário comum da injeção intravenosa de nanopartículas é a reação de hipersensibilidade.

Geração de nanopartículas por implantes

Os detritos de nanopartículas produzidos pelo desgaste e corrosão dos implantes são transportados para a região para além do implante e foram observados no fígado e nos rins de pacientes doentes com implantes e próteses. Os implantes libertam iões metálicos e partículas de desgaste e, após vários anos de uso, em alguns casos a concentração de metais no sangue excede os índices de exposição biológica recomendados para a exposição profissional. As respostas imunológicas e a inflamação asséptica em doentes com substituição total da anca são uma resposta às partículas de desgaste. A exposição a resíduos de desgaste ortopédico leva à reabsorção óssea iniciada por inflamação, falha do implante, dermatite, urticária e vasculite (Hasegawa et al., 2012).

Efeitos adversos das nanopartículas e seu tratamento

Investigações recentes conduziram a alterações na terminologia dos estudos nanotecnológicos e permitiram compreender que nenhuma partícula é completamente inerte e que mesmo baixas concentrações de partículas podem ter efeitos negativos para a saúde. Foi demonstrado que a interação de nanopartículas com sistemas biológicos pode provocar alergias (Maynard et al., 2006), fibrose, falência de órgãos, inflamação, citotoxicidade (Nel et al., 2006), geração de ROS (Manke et al., 2013) e danos no ADN/tecidos (Singh et al., 2009). Esforços recentes das fraternidades de investigação mostraram que a inalação de nanopartículas pode afetar a capacidade de defesa do sistema imunitário para combater infecções (Lucarelli et al., 2004) e é capaz de modular a função defensiva intrínseca dos macrófagos, afectando a sua reatividade às infecções. Vários tipos de nanopartículas (como o ZrO2) aumentam a expressão de alguns receptores virais, levando a uma inflamação excessiva (Lucarelli et al., 2004), ao passo que a exposição a outras nanopartículas (SiO2, TiO2) leva a uma diminuição da expressão de alguns outros receptores virais e bacterianos, levando a uma menor resistência a alguns vírus ou bactérias. Além disso, a maior parte dos nanomateriais fabricados pelo homem não aparecem no ambiente, pelo que os organismos vivos não dispõem possivelmente de um sistema imunitário adequado para lidar com estes produtos à escala nanométrica.

Efeitos adversos para a saúde decorrentes da absorção respiratória de nanopartículas

Os efeitos adversos para a saúde da absorção de nanopartículas pelo sistema respiratório dependem do tempo de permanência no trato respiratório (Peters et al., 2006), bem como da suscetibilidade genética e do estado de saúde (Semmler et al., 2004). As partículas mais pequenas têm atributos toxicológicos mais elevados do que as partículas maiores com a mesma composição e estrutura cristalina, e geram uma reação inflamatória consistentemente mais elevada nos pulmões. As nanopartículas mais pequenas estão correlacionadas com reacções adversas, tais como a depuração deficiente dos macrófagos, a inflamação, a acumulação de partículas e a proliferação de células epiteliais, seguidas de fibrose, enfisema e aparecimento de tumores (Ferin ,2004). A exposição crónica (dois anos) por inalação de doses elevadas em ratos com poeiras pouco solúveis e de baixa toxicidade pode, em última análise, produzir fibrose pulmonar e tumores pulmonares através de um "mecanismo de sobrecarga", mas o mesmo não foi relatado em ratos ou hamsters, em condições crónicas semelhantes. Os tratamentos para a inalação de nanopartículas incluem os que actuam para melhorar a depuração mucociliar e os que reduzem os efeitos da oxidação e da inflamação. Verificou-se que os medicamentos anti-inflamatórios (cromoglicato de sódio) esgotam as nanopartículas (Vermylen et al., 2005). As vitaminas antioxidantes (nomeadamente a vitamina C) (Romieu 2005), o ácido rosmarínico (Risom et al., 2005) e um consumo elevado de fruta fresca e de alguns legumes têm um efeito protetor contra as doenças pulmonares (Romieu 2005).

Efeitos adversos para a saúde da absorção neuronal de nanopartículas

Evidências experimentais sugerem que o início e a promoção de doenças neurodegenerativas, como a doença de Alzheimer, a doença de Parkinson e a doença de Pick, estão associados ao stress oxidativo e à acumulação de elevadas concentrações de metais (como o cobre, o alumínio, o zinco, mas sobretudo o ferro) em regiões do cérebro associadas à perda de funções e a danos celulares (Liu et al., 2005). No entanto, não se sabe se a presença de metais no cérebro de indivíduos com doenças neurodegenerativas se deve à translocação das próprias nanopartículas para o cérebro ou aos seus compostos solúveis (Donaldsonet al., 2005). Estudos recentes sobre danos no ADN em tecidos nasais e cerebrais de caninos expostos a poluentes atmosféricos mostram evidências de inflamação cerebral crónica, disfunção neuronal e achados patológicos semelhantes aos das fases iniciais da doença de Alzheimer (Peters et al., 2006). Estudos epidemiológicos mostram uma associação clara entre a inalação de poeiras contendo manganês e doenças neurológicas em mineiros (Weiss et al., 2006) e soldadores (Antonini et al., 2006). Alguns soldadores desenvolvem a doença de Parkinson muito mais cedo na sua vida, normalmente em meados dos quarenta anos, em comparação com os sessenta anos da população em geral (Antonini et al., 2006). Os antioxidantes e os quelantes de metais são opções de tratamento para os efeitos adversos na saúde causados pela absorção neuronal de nanopartículas. Os fulerenos funcionalizados (Bosi et al., 2003) e as nanopartículas constituídas por compostos que contêm vacâncias de oxigénio apresentam grandes propriedades antioxidantes (Schubert et al., 2006). Aparentemente, as propriedades antioxidantes dependem da estrutura da partícula, mas são independentes do seu tamanho entre 6-1000 nm.

Efeitos adversos para a saúde da absorção pelo sistema circulatório

A translocação de nanopartículas para o sistema circulatório foi correlacionada com o aparecimento de trombos (ou coágulos sanguíneos) (Vermylen et al., 2005) e com o mau funcionamento cardiovascular (Schulz et al., 2005). A trombose ocorre durante a primeira hora após a exposição às nanopartículas. Existe uma resposta clara dependente da dose que correlaciona a quantidade de poluente administrado e o tamanho dos trombos observados. (Vermylen et al., 2005) As provas clínicas e experimentais mostram claramente que a inalação de nano e micropartículas pode causar efeitos cardiovasculares (Schulz et al., 2005). Embora a relação causal entre as partículas nos pulmões e os efeitos cardiovasculares não seja totalmente compreendida, acredita-se que a inflamação pulmonar causada pelas partículas desencadeia uma libertação sistémica de citocinas, resultando em efeitos cardiovasculares adversos. No entanto, estudos recentes em animais e seres humanos (Nemmar et al., 2002) mostraram que as nanopartículas se difundem dos pulmões para a circulação sistémica, sendo depois transportadas para os órgãos, o que demonstra que os efeitos cardiovasculares das nanopartículas instiladas ou inaladas podem resultar diretamente da presença de nanopartículas no organismo.

Efeitos adversos para a saúde da absorção pelo fígado e pelos rins

A translocação e a acumulação de nanopartículas no fígado e nos rins provocam reacções potencialmente adversas e citotoxicidade que podem conduzir a doenças. Após a remoção de pontes dentárias e o subsequente tratamento com esteróides, observou-se que os sintomas clínicos diminuem.38 A depuração lenta e a acumulação nos tecidos de nanomateriais potencialmente produtores de radicais livres, bem como a prevalência de numerosas células fagocíticas nos órgãos do sistema reticuloendotelial (RES), tornam órgãos como o fígado e o baço os principais alvos do stress oxidativo. No fígado, o metabolismo adicional dos nanomateriais pelo citocromo P450 pode resultar em hepatotoxicidade por intermediários reactivos (Lanoneet al., 2002).

Efeitos adversos para a saúde da absorção pelo trato gastrointestinal

No trato intestinal existe uma mistura complexa de compostos, enzimas, alimentos, bactérias, etc., que podem interagir com as nanopartículas ingeridas e reduzir a sua toxicidade. Foram constantemente encontradas nanopartículas de carbono, filossilicatos cerâmicos, gesso, cálcio, silício, aço inoxidável, prata e zircónio no tecido do cólon de indivíduos afectados por cancro, doença de Crohn e colite ulcerosa, enquanto que em indivíduos saudáveis não foi possível localizá-las (Ballestri et al., 2001). Recentemente, foi sugerido que existe uma associação entre níveis elevados de nanopartículas alimentares (100 nm-lpm) e a doença de Crohn (Lomer et al., 2002). Foram encontradas nanopartículas exógenas em macrófagos acumulados no tecido linfoide do intestino humano, sendo os agregados linfóides o sinal mais precoce de lesões na doença de Crohn (Lomer et al., 2002). Acredita-se que a predisposição genética desempenha um papel no desenvolvimento da doença de Crohn, aumentando o risco de alguns membros da população após a ingestão de nanopartículas (Jena, 2012). Algumas evidências sugerem que as nanopartículas alimentares podem exacerbar a inflamação na doença de Crohn (Lomer et al., 2004).

As doenças associadas à absorção gastrointestinal de nanopartículas, incluindo a doença de Crohn e a colite ulcerosa, não têm cura e requerem frequentemente intervenção cirúrgica.

Efeitos adversos para a saúde decorrentes da absorção cutânea

Muitos processos de fabrico representam um risco para a saúde no trabalho ao exporem os trabalhadores a nanopartículas e pequenas fibras, como sugerido pela absorção intracelular de MWCNTs por queratinócitos epidérmicos humanos (Monteiro-Riviere et al., 2005). Isto pode explicar a sensibilização ao berílio em trabalhadores que usam equipamento de proteção por inalação expostos a berílio nanoparticulado. Além disso, este facto pode ser relevante para a sensibilidade ao látex e a outros materiais que provocam respostas dermatológicas. Está demonstrado que a absorção de nanopartículas pelo sistema linfático através da derme causa podoconiose (Ali et al., 2013) e sarcoma de Kaposi. O dióxido de titânio, normalmente utilizado como protetor solar físico, embora reflicta e disperse os raios de luz UVB e UVA, pode absorver uma quantidade substancial de radiação UV que, em meio aquoso, leva à produção de espécies reactivas de oxigénio que podem causar danos substanciais ao ADN (Shi et al., 2013). Os relatórios sobre a toxicidade das nanopartículas de dióxido de titânio na ausência de radiação UV são contraditórios. Verificou-se que as nanopartículas não têm qualquer efeito inflamatório ou genotóxico em ratos, ao passo que vários outros estudos relataram que o dióxido de titânio causou inflamação pulmonar crónica em ratos. Sabe-se que a prata tem um efeito antibacteriano benéfico quando utilizada como penso para feridas, reduzindo a inflamação e facilitando a cicatrização nas fases iniciais (Poon et al., 2004), mas a mesma propriedade que lhe confere os seus atributos antimicrobianos pode torná-la tóxica para as células humanas. Foi relatado que as concentrações de prata que são letais para as bactérias também o são para os queratinócitos e os fibroblastos, o que suscita sérias preocupações quanto à sua aplicabilidade para benefício humano (Poon et al., 2004).

Embora as nanopartículas direcionadas sejam promissoras para a deteção e o tratamento de doenças humanas, a toxicidade - potencial ou real - continua a ser o principal obstáculo à tradução clínica (Hardman, 2006). l Historicamente, a Food and Drug Administration (FDA) dos EUA tem exigido que os agentes injectados no corpo humano, especialmente os agentes de diagnóstico, sejam completamente eliminados num período de tempo razoável. Esta política faz sentido na medida em que a eliminação total do corpo minimiza a área sob a curva de exposição. Também minimiza a possibilidade de o agente interferir com outros testes de diagnóstico. Por exemplo, o ouro, amplamente utilizado na literatura sobre nanotecnologia, tem um coeficiente de atenuação linear 150 vezes superior até mesmo ao do osso e, em doses injectadas por via intravenosa, provavelmente impediria a realização de exames de tomografia computorizada (TC) precisos, especialmente em órgãos como o fígado, onde acaba por se acumular. Neste contexto, a estabilidade inerente à maior parte das nanopartículas é um fator importante. De facto, um estudo recente sugere que os pontos quânticos (QDs) com o revestimento orgânico adequado são retidos no corpo durante pelo menos dois anos e permanecem fluorescentes (Ballou et al., 2007). Tendo em conta que muitos objectos nanométricos propostos para utilização clínica contêm metais pesados, é improvável a aprovação regulamentar de partículas tão estáveis, e o tipo de estudos de toxicidade a longo prazo que seriam necessários para essa aprovação continuarão a desencorajar a tradução clínica.

Uma solução potencial para este enigma consiste em concentrar-se na fisiologia subjacente à biodistribuição e à eliminação de agentes injectados por via intravenosa no organismo. No caso das proteínas globulares, um diâmetro hidrodinâmico (HD) de aproximadamente 5-6 nm está associado à capacidade de serem rapidamente eliminadas do organismo através da filtração renal e da excreção urinária. A toxicidade das nanopartículas seria minimizada, se não eliminada, se houvesse uma forma de as eliminar do organismo. No entanto, atualmente desconhece-se qual é o limiar de filtração renal para objectos nanométricos à base de metal e quais os revestimentos orgânicos compatíveis com a depuração renal.

A fim de definir o limiar de filtração renal, foi sintetizada uma série precisa de QDs extremamente pequenos. Todos os QDs tinham um núcleo/casca de CdSe/ZnS, que foi revestido com pequenas moléculas aniónicas (ácido dihidrolipóico; DHLA), catiónicas (cisteamina), zwitteriónicas (cisteína) ou neutras (polietilenoglicol ligado ao DHLA; DHLA-PEG). A carga do revestimento teve um efeito profundo na adsorção das proteínas do soro, bem como no HD; uma carga puramente aniónica ou catiónica foi associada a um aumento do HD de mais de 15 nm após incubação com soro. Embora os QDs neutros (PEGilados) não se ligassem às proteínas do soro, não foi possível sintetizá-los com um HD inferior a ~ 13,2 nm. Comprimentos mais curtos de PEG resultaram em QDs insolúveis (Uyeda et a., 2005). Surpreendentemente, os revestimentos zwitteriónicos, neste caso o aminoácido cisteína (Cys), impediram a adsorção de proteínas séricas, produzindo a maior solubilidade e o menor HD possível.

Os QDs revestidos com Cys (QD-Cys) foram caracterizados por três métodos de medição independentes. A microscopia eletrónica de transmissão (TEM) foi utilizada para medir o diâmetro do núcleo/casca, que, como esperado, aumentou com o pico de emissão de fluorescência (Fig. Id). A dispersão dinâmica da luz (DLS) e a cromatografia de gelfiltração (GFC) estavam altamente correlacionadas com o HD após a adição do revestimento orgânico (Fig. 1c e Fig. Suplementar 1 online). Utilizando estes métodos, foi possível criar uma série de QD- Cys, com um HD final de 4,36-8,65 nm e diferindo apenas no comprimento de onda do pico de emissão (515-574 nm; i.e., QD515-QD574; cujo HD e estabilidade se mantiveram inalterados após 4 horas de incubação com soro a 37°C. A espetroscopia de ressonância paramagnética de electrões (EPR) em amostras de QD-Cys incubadas com o óxido-N de 5,5-dimetil-l-pirrolina (DMPO) confirmou que não foram produzidos radicais durante a absorção de fotões.

Os estudos iniciais centraram-se na nanopartícula fluorescente mais pequena, a QD515. Após diluição em solução salina estéril e injeção intravenosa em ratos numa dose de 10 pmol/g de peso animal, foi possível visualizar diretamente a excreção renal da QD515 revestida com Cys, bem como o seu transporte pelos ureteres bilateralmente e para a bexiga. A comparação de todos os QD HDs em ratinhos revelou que, 4 horas após a injeção, apenas o QD515 (HD = 4,36 nm), o QD534 (HD = 4,99 nm) e o QD554 (HD = 5,52 nm) podiam ser encontrados excretados na bexiga, com a intensidade a diminuir à medida que o HD aumentava. Os QDs de maiores dimensões, incluindo os revestidos com DHLA, cisteamina e DHLA-PEG, nunca foram encontrados na bexiga, mas ficaram retidos no fígado, pulmão e baço em grandes quantidades.

Uma vez que a imagem de fluorescência *in vivo* fornece apenas uma medição qualitativa/semi-quantitativa do comportamento dos QDs *in vivo*, desenvolvemos uma técnica para marcar covalentemente a superfície dos QDs-Cys com uma forma quelatada do isótopo emissor de raios gama 99mTc. Apesar da interação não covalente da Cys com a superfície do QD, não foram detectados agregados por análise HPLC e a quantidade de isótopo não ligado foi inferior a 10% em cada preparação. A injeção intravenosa de QDs marcados com 99mT revelou que as alterações no HD final resultaram em alterações dramáticas na semi-vida sanguínea. De facto, com base na semi-vida terminal da fase 0 *(tl/2fi)*, a semi-vida sanguínea dos QDs variou de 48 minutos a 20 horas à medida que o HD aumentou de 4,36 para 8,65 nm. Utilizando QDs marcados com 99 mTc, foi possível seguir a distribuição e a depuração em todos os órgãos, e do próprio corpo, ao longo do tempo. É importante notar que os QDs radiomarcados permaneceram intactos, mesmo após a excreção na urina, o que sugere que a emissão de raios gama pode ser utilizada como um substituto fiável para a distribuição de QDs. Quatro horas após a injeção intravenosa de QD515 (HD = 4,36 nm), o sinal dominante encontrava-se na bexiga, sendo a única distribuição apreciável nos órgãos o fígado (4,5 ±1,0 %ID) e o rim (2,6 ±0,4 %ID), representando este último provavelmente QDs em processo de excreção (Fig. 3c). Em contrapartida, o QD574 (HD = 8,65 nm) apresentou uma elevada captação no fígado (26,5 ±3,9%ID), pulmão (9,1 ±4,0%ID) e baço (6,3 ±2,4% ID) e um sinal proporcionalmente mais baixo na bexiga.

Ao medir a radioatividade da urina excretada e pré-excretada, bem como de toda a carcaça restante, excluindo a bexiga e a uretra, foi possível definir a relação entre a HD, a depuração renal e a retenção corporal total. As nanopartículas inorgânicas contendo metais requerem um revestimento orgânico solubilizante para compatibilidade biológica (ou seja, aquosa). No caso dos QDs, este revestimento é também um requisito para manter a eficiência da hotoluminescência. Infelizmente, para conseguir a biocompatibilidade, os revestimentos orgânicos resultam frequentemente num aumento significativo do HD final. Os nossos resultados sugerem que tanto o peso molecular como a carga do ligando solubilizante contribuem para a HD final *in vivo,* e que a carga pura (aniónica ou catiónica) está associada a uma adsorção inesperada de proteínas séricas. Esta adsorção não parece afetar a solubilidade, mas aumentou a HD em quase 15 nm.

O HD das nanopartículas é um parâmetro de conceção crítico no desenvolvimento de potenciais agentes de diagnóstico e terapêuticos. A vasculatura dos mamíferos tem um tamanho médio de poro de - 5 nm. Abaixo deste valor, existe um equilíbrio relativamente rápido entre os agentes injectados por via intravenosa e o espaço extracelular, mas acima deste valor, o transporte através do endotélio é extremamente lento.

Por exemplo, a IgG humana (HD = 10 nm) necessita de aproximadamente 24 horas para se equilibrar entre os espaços vascular e extracelular após injeção intravenosa (Goel et al., 2000). Numa primeira aproximação, a filtração glomerular no rim é controlada por tamanhos de poros efectivos semelhantes, e a excreção renal é uma forte função do HD (Quadro 1). Para as nanopartículas que não se biodegradam *in vivo* em componentes biologicamente benignos, a única outra via importante de excreção do corpo humano é através do fígado, para a bílis e para as fezes. Os problemas com a excreção hepática das nanopartículas são de três ordens. Em primeiro lugar, o fígado foi concebido especificamente para capturar e eliminar nanopartículas (por exemplo, vírus) com mais de ~ 10-20 nm de diâmetro. Por conseguinte, são necessários revestimentos especiais, como o PEG, apenas para evitar a extração de primeira passagem do sistema reticuloendotelial (RES; fígado, baço e medula óssea), mas estes revestimentos aumentam necessariamente o HD. A

PEGilação densa pode aumentar a meia-vida sanguínea, mas também impede a eliminação do corpo. Em segundo lugar, a excreção de nanopartículas intactas para a bílis é um processo extremamente lento e ineficaz. Em terceiro lugar, a retenção a longo prazo no RES conduz a uma grande área sob a curva do tempo de exposição e aumenta a probabilidade de toxicidade. No mínimo, os nossos dados sugerem que a análise dos fluidos corporais, incluindo a urina e a bílis, deve fazer parte da avaliação dos riscos humanos após a exposição ambiental a nanopartículas e pode ajudar a estimar a dose total retida se a dose de exposição for conhecida.

A importância da eliminação total do corpo de objectos de dimensão nanométrica não é trivial. Considere-se, por exemplo, o que aconteceria se a retenção afectasse outros testes médicos. Os exames radiológicos são particularmente susceptíveis. Os metais com elevado número atómico depositados nos órgãos interfeririam com a imagiologia por raios X (ou seja, filmes simples, fluoroscopia e TAC) devido a alterações no coeficiente de atenuação linear, com a imagiologia por ressonância magnética devido a espaços vazios sem protões, com a ecografia devido ao aumento da ecogenicidade e, possivelmente, até com a SPECT e a PET devido à atenuação de fotões (ambas) e/ou a efeitos na produção de positrões (PET). As nanopartículas com depuração renal, mesmo as que contêm metais, minimizariam ou eliminariam estes problemas. No entanto, há que ter em conta várias advertências. Em primeiro lugar, o valor absoluto do limiar de filtração renal (HD = 5,5 nm no presente estudo) depende das curvas de calibração das técnicas de calibração. Uma vez que os HD das moléculas utilizadas para a calibração variam na literatura até 10%, também a nossa confiança no limiar de 5,5 nm deve variar. Por esta razão, será importante testar cada objeto de dimensão nanométrica de forma independente *in vivo,* e não confiar apenas em previsões *in vitro*. Em segundo lugar, o nosso estudo não abordou o efeito da forma das nanopartículas na filtração renal. Por exemplo, os bastões quânticos (Fu et al., 2007) e outras nanopartículas não esféricas necessitarão de análises *in vivo* separadas. Se os eventuais resultados se correlacionarem com os das proteínas longas e rígidas, é provável que o eixo longo da partícula domine o seu comportamento *in vivo*. Por último, o nosso estudo sugere que o direcionamento molecular dos QDs e de outras nanopartículas exige uma atenção cuidadosa ao HD.

De facto, os nossos resultados sugerem que apenas moléculas de orientação extremamente pequenas serão úteis para a orientação *in vivo*, caso se pretenda manter a excreção renal. Felizmente, o aumento da afinidade associado à multimerização de tais ligandos na superfície do QD (Mammen et al., 1998) pode permitir a utilização de um pequeno número de ligandos de direcionamento em relação aos ligandos de revestimento.

A Food and Drug Administration (FDA) dos EUA exige que todos os agentes de contraste injectados sejam completamente eliminados do corpo num período de tempo razoável (Choi, et al 2001), pelo que tornar os agentes de contraste elimináveis a nível renal é um requisito claro para o seu sucesso futuro nas práticas clínicas. Os agentes de contraste à base de pequenas moléculas (sondas moleculares) são geralmente passíveis de depuração renal porque são mais pequenos do que o limiar de filtração renal (KFT, 5,5 nm) e podem ser rapidamente eliminados do organismo através do sistema urinário (Chan et al., 2007). Por exemplo, muitos agentes de contraste moleculares utilizados clinicamente, como o 2-desoxi-2-[18F]fluoro-D-glicose ([18F] FDGj para imagiologia por tomografia por emissão de positrões (PET)(Liu et al.,2009) , o complexo Gd-DTPA para imagiologia por ressonância magnética (MRI)(Kobayashi et al., 2001) e o iomeprol para imagiologia por tomografia computorizada (CT) de raios X, apresentam todos uma depuração renal eficiente. Por outro lado, no caso dos agentes de contraste à base de nanopartículas (NPs), em particular as NPs inorgânicas que contêm frequentemente metais pesados ou tóxicos (Yong, et al. 2013), a depuração renal tem sido um obstáculo importante para a sua aplicação clínica, apesar de apresentarem frequentemente sinais de saída muito mais fortes e mais funcionalidades biomédicas do que as sondas moleculares de uso corrente na clínica (Lee, et al.2012).

Por conseguinte, o desenvolvimento de NPs inorgânicas que possuam os méritos de depuração renal eficiente das sondas moleculares é altamente desejado, a fim de catalisar a mudança do nosso paradigma médico atual para "deteção e prevenção precoces" (Fig. 4a) (Xing, et al. 2012). A filtração renal é uma via desejável para a eliminação de NPs porque os potenciais riscos para a saúde resultantes da acumulação e decomposição a longo prazo de NPs no corpo podem ser minimizados (Xing, et al. . No entanto, a passagem de uma NP através do rim depende fortemente do tamanho, da carga e da forma, devido à estrutura única da parede capilar glomerular(Longmire, et al.,2008) . Para escapar do compartimento vascular, uma NP tem de atravessar o endotélio com fenestrae (70-90 nm), a membrana basal glomerular (GBM, estrutura em rede com poros de 2-8 nm) e o epitélio com fendas de filtração (4-11 nm) entre as extensões dos podócitos, três camadas da parede capilar glomerular(Liu et al., 2008). Devido aos efeitos combinados de cada camada, uma NP globular com um diâmetro hidrodinâmico (HD) < 6 nm pode atravessar facilmente a parede capilar glomerular, enquanto é difícil para a NP grande (HD > 8 nm) atravessar a Fig. 4b e c ((Longmire, et al.,2008) . Uma vez que a parede capilar glomerular é carregada negativamente, as cargas superficiais das aNtambém desempenham um papel importante na filtração renal: uma NP carregada positivamente com um HD (6-8 nm) ligeiramente superior ao KFT pode passar a barreira de filtração renal devido às interações de carga favoráveis, ao passo que a filtração através do rim é difícil para a NP carregada negativamente ou neutra com um HD de 6-8 nm (Liu et al., 2008) . Além disso, a forma é também um fator importante para a filtração renal devido à forma retangular da fenda do GBM.

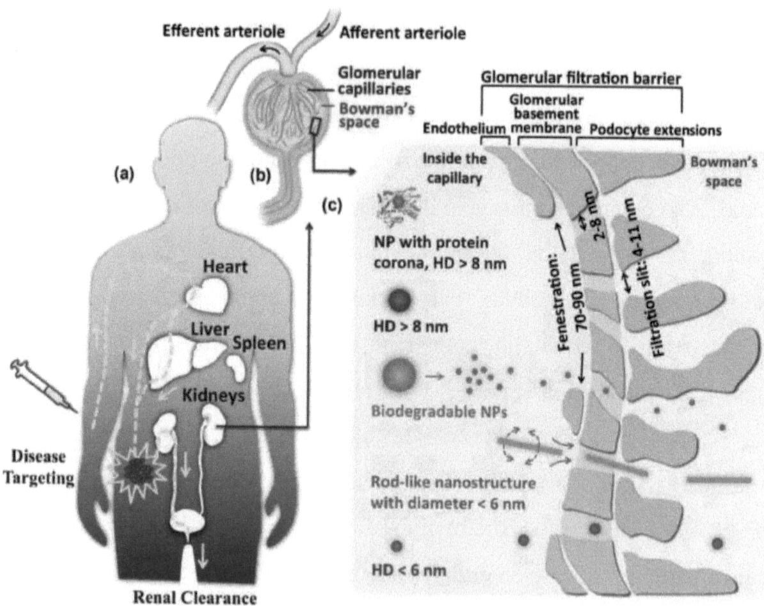

Fig.4: (a) Direcionamento ideal de nanopartículas (NPs) transparentes para a doença renal na prática clínica: as NPs direcionam-se especificamente para as doenças e as não direcionadas são rapidamente eliminadas do corpo através do sistema urinário, (b) A estrutura esquemática do corpúsculo renal, (c) A filtração glomerular é um fenómeno à escala nanométrica.

A parede capilar glomerular é constituída por três camadas especializadas: endotélio fenestrado, membrana basal glomerular e extensões podocitárias de células epiteliais glomerulares (Liu et al., 2008).

Longmire, et al. 2011 afirmaram que as grandes NPs de estrutura linear com uma largura inferior à KFT também podem ser filtradas através do rim. Desde o trabalho de referência de Choi e colaboradores sobre os pontos quânticos (QDs) que podem ser depurados pelos rins em 2007, foi desenvolvido um número crescente de NPs depuráveis pelos rins, incluindo NPs de ouro (AuNPs) (Liu, et al., 2013), NPs de sílica (Lux, et al.2011), NPs de silício (Park, et al. 2009) e nanotubos de carbono (Ruggiero, et al. 2010). Cada classe de NP tem uma composição química distinta e um intervalo de tamanho possível para a depuração renal. Nesta revisão, resumimos as estratégias sintéticas para estes tipos de NPs inorgânicas depuráveis por via renal e os seus pontos fortes no direcionamento de tumores. Finalmente, são discutidos os potenciais desafios da química de materiais neste domínio. Estratégias para a conceção de NPs renais transparentes Consideração do tamanho O limiar de tamanho para a filtração renal tem sido amplamente observado na depuração de proteínas globulares (Lund, et al., 2003). Por exemplo, a inulina com HD de 3 nm pode ser eliminada na urina com uma eficiência de filtração de 100%, enquanto apenas 9% do fragmento Fab' do anticorpo com HD de 6,0 nm foi encontrado na urina (Kobayashi, et al.1996). Em comparação com as proteínas, as NPs inorgânicas têm geralmente uma distribuição de tamanho muito mais ampla, o que torna difícil quantificar o limiar exato de filtração das NPs inorgânicas (Salata, 2004). Em 2007, Choi e colaboradores sintetizaram uma série de QDs com HDs bem definidos, variando de 4,36 a 8,65 nm, e descobriram que os QDs com tamanhos inferiores a 5,5 nm podem ser eliminados na urina com uma eficiência de >50% da dose de injeção (ID) 4 h após a injeção (p.i.), enquanto os QDs de 8.Balogh e colaboradores descobriram que quase 33% ID de AuNPs encapsuladas em dendrímero de 5 nm foram excretadas na urina, enquanto apenas 13% ID das partículas de 22 nm podem ser encontradas na urina 96 h p.i. (Balogh, et al.,2007). O nosso grupo investigou a depuração renal de AuNPs de 2, 6, 13 nm (HD) revestidas com glutatião e verificou que as suas eficiências de depuração renal eram 50% ID, 4% ID e 0,5% ID (24 h p.i.), respetivamente (Zhou, et al. 2011). Estes resultados mostram claramente que o tamanho/HD das NPs é um fator chave que rege a sua depuração renal. Consideração da forma Embora as NPs depuráveis renais sejam geralmente esféricas, as nanoestruturas com um rácio de aspeto elevado, mas com um diâmetro inferior ao KFT, também se revelaram depuráveis renais, abrindo um caminho interessante para expandir ainda mais a biblioteca de NPs depuráveis renais com diversas funcionalidades. Verificou-se que os nanotubos de carbono de parede simples (SWCNTs) com um comprimento de haste rígida de 100-1000 nm e um diâmetro de 0,8-1,2 nm são passíveis de depuração renal com uma elevada eficiência de eliminação de 65% ID 20 min p.i. (Ruggiero, et al. 2010) . A origem da eficiente depuração renal observada é a orientação induzida pelo fluxo, que faz com que o eixo longo dos SWCNTs aponte para as aberturas dos poros capilares glomerulares. Por conseguinte, apesar de os pesos moleculares dos SWCNTs (300-500 kDa) serem muito superiores aos das proteínas que podem ser depuradas pelos rins (30-50 kDa), conseguem passar eficazmente através dos rins. A modelação matemática também demonstrou que o rácio de aspeto das nanoestruturas unidimensionais desempenha um papel fundamental na difusão direcional, o que deve ser considerado na conceção de futuras nanoestruturas unidimensionais desobstruíveis a nível renal. Considerações sobre a química da superfície Embora se espere que as NPs com HDs inferiores ao KFT atravessem a barreira de filtração dos rins, muitas NPs ultra-pequenas não são ainda passíveis de depuração renal e são sequestradas pelos órgãos do sistema reticuloendotelial (RES) (fígado, baço, etc.). Por exemplo, apenas 9%ID de AuNPs de 1,4 nm revestidas com bis(p-sulfonatofenil)-fenilfosfina puderam ser excretadas na urina e >50% ID das NPs foram encontradas no fígado nas 24 h após injeção intravenosa (IV) (Semmler-Behnke, et al. 2008).

Os pequenos QDs de 4 nm revestidos com ácido dihidrolipóico aniónico ou cisteamina catiónica não eram depuráveis a nível renal, mas acumulavam-se principalmente no fígado, pulmão e baço (Choi, et al., 2007). A origem de uma acumulação tão grave de NPs ultra-pequenas nos órgãos das FER deve-se à adsorção de proteínas (opsonina) induzida pelos ligandos de superfície das NPs, o que aumenta drasticamente os HDs das NPs e resulta na absorção de NPs pelos hepatócitos e macrófagos no fígado (Moghimi, et al. 2012). Para responder a este desafio, foram desenvolvidos dois tipos de química de superfície. Um deles consiste em utilizar ligandos zwitteriónicos para evitar a adsorção inespecífica de proteínas séricas. Mais de 50% dos QDs revestidos com ligandos zwitteriónicos de cisteína com HD <5,5 nm foram eliminados na urina 4 h p.i. e <5% dos QDs foram encontrados no fígado (Choi, et al. 2010). Esta depuração renal eficiente e a absorção baixa de QRES foram fundamentalmente causadas por cargas de superfície (cargas positivas e negativas) nos QDs que foram distribuídas de forma homogénea, dificultando a ligação da proteína do soro aos QDs. Embora o ligando de cisteína possa aumentar a depuração renal dos QDs, verificámos que as AuNPs revestidas com cisteína de 3 nm formavam agregados de 220 _ 60 nm em solução salina tamponada com fosfato (PBS) e acumulavam-se principalmente nos órgãos das RES após injeção IV (Zhou, et al. 2011). Para enfrentar este desafio, o ligando de glutationa zwitteriónico foi utilizado para aumentar a depuração renal de AuNPs luminescentes de 2 nm (GS-AuNPs). Verificou-se que apenas 3,7 - 1,9% ID das NPs foram encontradas no fígado e >50% ID foram excretadas na urina nas 24 h após a injeção IV (Zhou, et al. 2011), em contraste com a elevada acumulação de AuNPs de ouro luminescentes revestidas com albumina sérica bovina no fígado (Zhang, et al. 2012). As multifuncionalidades das AuNPs também nos permitiram confirmar a acumulação de GS-AuNPs com imagens de tomografia computorizada (TC) graças à forte atenuação de raios X dos átomos de ouro (Fig. 6a). As imagens de fluorescência em tempo real da acumulação de NP na bexiga permitiram a quantificação da cinética de depuração renal inicial, o que mostrou que as

A meia-vida de excreção urinária inicial das AuNPs foi de apenas 6 min (Fig. 6b) (Zhou, et al. 2012). Além disso, houve poucas alterações na emissão: perfil das NPs antes da injeção e após a excreção na urina, indicando que as GS-AuNPs eram bastante estáveis durante a circulação sanguínea (Fig. 6c) (Zhou, et al. 2012).

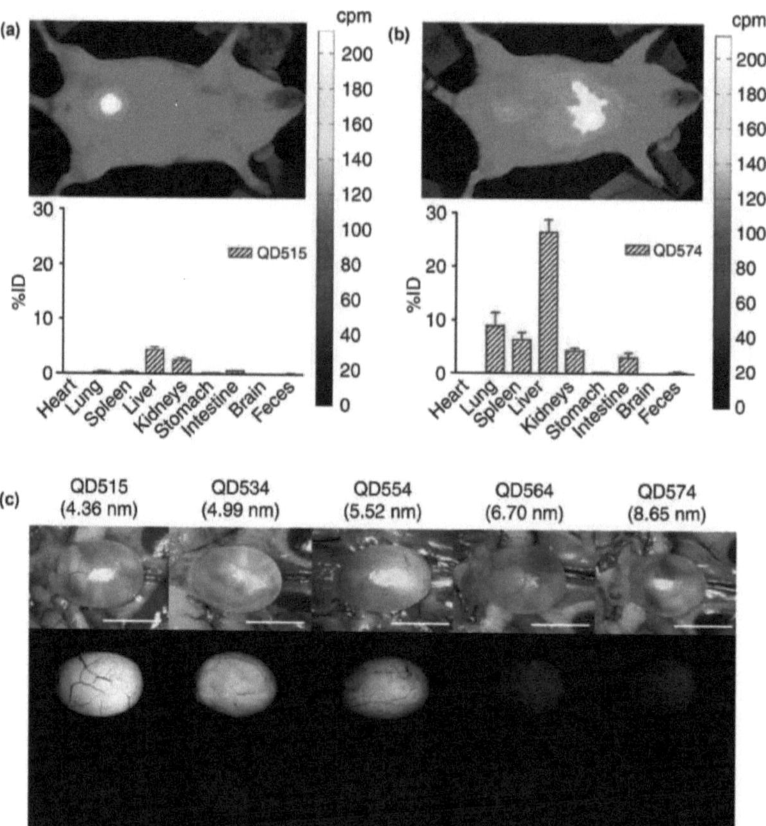

FIGURA 5: Depuração corporal de QDs à escala nanométrica. (a) Imagens radiocintigráficas de 99mTc-QD515 (4,36 nm) a 4 hp.i. (b) Análise invivo da depuração corporal de 99mTc-QD574 (8,65 nm) c) Bexigas de ratinho .CD-I expostas cirurgicamente após injeção IV de QDs com HDs definidos. Vídeo a cores (topo) e imagens de fluorescência da bexiga (meio) às 4h p.i. Barra de escala, 1 cm. Reproduzido de (Choi, et al. 2007) com permissão do grupo de publicação Nature.

Para além da química de superfície baseada em ligandos zwitteriónicos, a PEGilação é outra estratégia de química de superfície para tornar as NPs inorgânicas transparentes do ponto de vista renal (Wang, et al. 2013).

Os pontos fortes dos ligandos de poli(etilenoglicol) (PEG) em relação aos ligandos aniónicos ou catiónicos convencionais resultam do facto de a porção PEG na superfície da partícula não só estabilizar as NPs no ambiente fisiológico, como também criar obstáculos estéricos à adsorção de proteínas (opsonina) (Schipper, et al., 2009). Em 2009, Burns e colaboradores comunicaram a existência de NPs de sílica PEGiladas, transparentes a nível renal, com HDs de 3,3 e 6,0 nm (Bums, et al. 2009) , respetivamente, compostas por um núcleo de corante Cy5.5 no infravermelho próximo (NIR) e conchas de sílica (pontos C). Estas NPs de sílica PEGiladas apresentaram uma elevada estabilidade fisiológica e foram eliminadas do sistema urinário 48 h p.i. com uma eficácia de 73% ID (3,3 nm) e 64% ID (6,0 nm), apesar de as NPs de sílica nuas se terem acumulado principalmente no fígado. Choi e colaboradores investigaram as influências dos comprimentos de PEG (DHLA-PEG-n, n = 2, 3, 4, 8, 14, 22) na depuração renal de QDs e descobriram que apenas os QDs revestidos com DHLA-PEG-4 são depuráveis a nível renal com uma elevada eficiência de depuração (Choi, et al., 2009). Nem os ligandos PEG mais longos nem os mais curtos são adequados para melhorar a depuração renal dos QDs porque tanto os HDs como a estabilidade fisiológica dependem fortemente do comprimento dos ligandos PEG. Se a cadeia de PEG for demasiado longa, os HDs dos QDs PEGilados excedem o KFT e os QDs obtidos acumulam-se nos órgãos do RES. Se o ligando PEG fosse demasiado pequeno, a estabilidade fisiológica dos QDs diminuía, o que também resultava numa elevada acumulação inespecífica no fígado. Por conseguinte, a escolha do PEG com comprimentos optimizados será fundamental para o desenvolvimento de NPs PEGiladas que possam ser desobstruídas a nível renal.

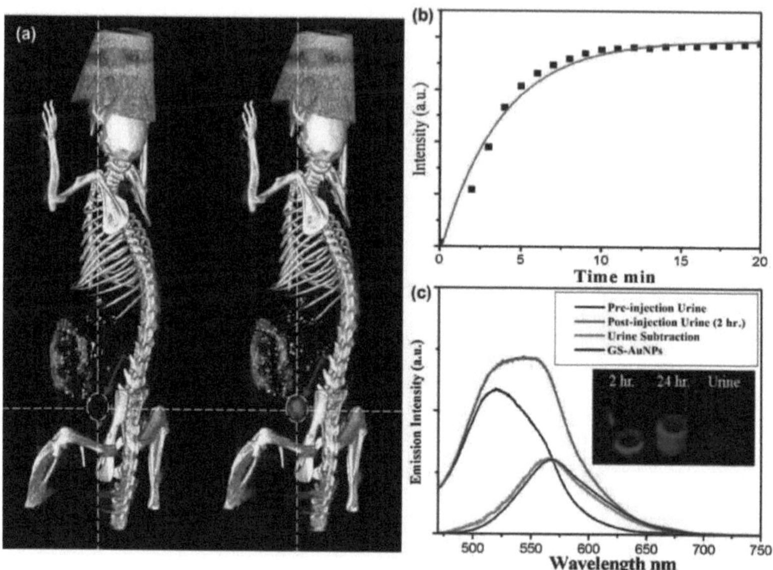

FIGURA 6: (a) Tomografia computorizada de raios X de um ratinho antes e depois da injeção IV de GS-AuNPs.

(b) Cinética de excreção vesical das NPs nos primeiros 20 min p.i. (c) Espectros de fluorescência da urina (preto), GS-AuNPs (azul), a urina recolhida 2 h p.i. antes (vermelho) e depois (verde) da subtração do fundo de autofluorescência da urina. Inserção: Imagens de fluorescência da urina 2 e 24 h p.i. de NPs, e urina pré-injeção.Reproduzido de (Zhou, et al.,2012) com permissão de John Wiley and Sons.

Considerações sobre a biodegradabilidade Embora a redução do tamanho das partículas/HD abaixo do KFT (<5,5 nm) possa melhorar a sua depuração renal, algumas propriedades e funcionalidades únicas dependentes do tamanho das NPs inorgânicas são frequentemente sacrificadas (Arya, et al.,2005). Por exemplo, para comprometer o requisito de tamanho para a depuração renal, o tamanho dos QDs tem de ser reduzido significativamente. Uma vez que a emissão dos QDs é dependente do tamanho (Somers, et al.,2007) , apenas os pequenos pontos de CdSe com emissão verde-alaranjada são passíveis de depuração renal e os pontos de CdSe maiores com comprimentos de onda de emissão mais longos, ideais para imagiologia in vivo, continuam a não ser facilmente eliminados do corpo através do sistema urinário. No caso das NPs de metais nobres, a redução do tamanho das partículas para menos de 5 nm diminui significativamente a secção transversal de absorção de plasmon de superfície e muitas propriedades baseadas no plasmon de superfície, como a dispersão Raman melhorada pela superfície (SERS) e o efeito foto-térmico, são sacrificadas (Jain, et al., 2008). Por conseguinte, a forma de manter estas propriedades das NPs inorgânicas e, ao mesmo tempo, torná-las transparentes é bastante difícil. Uma solução potencial é o desenvolvimento de NPs inorgânicas biodegradáveis, que se podem dissociar em pequenas partículas transparentes para os rins. Park et al. demonstraram recentemente a viabilidade da síntese de tais NPs inorgânicas biodegradáveis e transparentes do ponto de vista renal (Park, et al. 2009). Utilizando um método de condicionamento eletroquímico, conseguiram sintetizar NPs de silício porosas 126 nm luminescentes, estáveis em solução aquosa, mas que se dissociaram em fragmentos <5,5 nm ou mesmo em ácido silícico em solução biológica (PBS, pH 7,4, 37 8C). Após a injeção intravenosa, os fragmentos dissociados foram eliminados do corpo na urina. No entanto, deve notar-se que a depuração renal observada é muito mais lenta do que a das pequenas AuNPs (Zhou, et al.,2012 ou QDs (Choi, et al. 2010) . Uma estratégia alternativa consiste em utilizar polímeros biodegradáveis para encapsular pequenas NPs inorgânicas, à semelhança da ideia habitualmente utilizada na administração de medicamentos.

Chen e colaboradores utilizaram um copolímero anfifílico e degradável para transportar GS-AuNPs e pequenas moléculas de fármacos (Chen, et al..2013). Embora não tenha sido observada uma depuração renal eficaz destes nanoagregados, trata-se de uma via promissora para ultrapassar algumas limitações das pequenas NPs depuráveis a nível renal em aplicações médicas.

Devido à estrutura única dos tumores (hipervasculatura, arquitetura vascular defeituosa e drenagem linfática deficiente), as NPs convencionais podem acumular-se nos locais dos tumores em concentrações muito mais elevadas e durante mais tempo do que as pequenas moléculas de fármacos, através do efeito de permeabilidade e retenção melhoradas (EPR) (Maeda, 2010). Consequentemente, as nanossondas têm um grande potencial para enfrentar alguns desafios críticos no diagnóstico e na terapia precoces do cancro (Davis, et al., 2008) . Esta força única das NPs no direcionamento de tumores deve-se fundamentalmente ao facto de poderem escapar à rápida filtração renal e circular no plasma sanguíneo em concentrações elevadas durante muito tempo (Iyer, et al., 2006). No entanto, uma vez que as NPs se tornam permeáveis aos rins, surgem naturalmente muitas questões fundamentais, como a de saber se as NPs permeáveis aos rins continuam a poder atingir os tumores através do efeito EPR e quais as diferenças entre as NPs permeáveis aos rins e as pequenas moléculas na orientação dos tumores. Direcionamento passivo para tumores Para abordar estas questões fundamentais, investigámos o direcionamento passivo para tumores de NPs inorgânicas transparentes renais, GS-AuNPs e um corante orgânico, IRDye 800CW, nas mesmas condições ((Liu, et al., 2013). Os resultados mostram que tanto as NPs como as moléculas de corante se distribuíram rapidamente no corpo do ratinho e visaram o tumor; no entanto, o tempo necessário para detetar claramente os tumores com rácios sinal-fundo elevados foi diferente porque a sua cinética de retenção nos tumores e nos tecidos normais era distinta. No caso do rato IV injetado com GS-AuNPs, a área do tumor tornou-se claramente visível às 3 h p.i. e ainda mais evidente às 12 h p.i. devido ao sinal bem mantido do local do tumor e à diminuição adicional do fundo de fluorescência dos tecidos normais. Por outro lado, no caso do rato IV injetado com moléculas de corante, foram necessárias mais 5 horas para identificar claramente a área do tumor. No entanto, a maioria das moléculas de corante foi eliminada do tumor às 12 h p.i.. As imagens ex vivo de órgãos e tumores tiradas dos ratos injectados por via intravenosa com duas sondas diferentes também confirmaram que as GS- AuNPs foram de facto retidas no tumor durante muito mais tempo do que as moléculas de corante. A origem do efeito EPR nas AuNPs luminescentes transparentes renais reside na sua interessante farmacocinética de dois compartimentos: podem distribuir-se rapidamente no corpo com uma semi-vida de 5 min como pequenas moléculas, mas permanecem no plasma sanguíneo com uma semi-vida de eliminação relativamente longa de 8,5 h.5 h. Outra descoberta surpreendente é o facto de a eliminação das GSAuNPs dos tecidos normais ser mais de 3 vezes mais rápida do que a das moléculas de corante. Como resultado, o índice de contraste de imagem (CI), um parâmetro utilizado para quantificar a qualidade da imagem (Jiang, et al.,2004) , das NPs aumenta mais rapidamente e atinge um limiar para a deteção substancial de tumores (CI = 2,5) mais cedo do que o das pequenas moléculas de corante (3 h vs 8 h) , sugerindo que as AuNPs luminescentes com depuração renal são mais adequadas para a deteção rápida de tumores do que as pequenas moléculas de corante.

O direcionamento passivo para o tumor com NPs de silício biodegradáveis que podem ser limpas no rim também foi investigado (Park, et al. 2009). Os pontos fortes destas grandes NPs de silício biodegradáveis em relação às pequenas (<5,5 nm) incluem a sua depuração sanguínea lenta e a sua elevada capacidade de carregamento de fármacos. No entanto, também se observou uma acumulação relativamente elevada destas partículas de grandes dimensões nos órgãos RES, sendo necessárias várias semanas para a eliminação das NPs do organismo. Direcionamento ativo para o tumor Embora as AuNPs pequenas e transparentes para os rins possam direcionar passivamente o tumor através do efeito EPR, este efeito não parece muito evidente nos QDs transparentes para os rins (Choi, et al., 2010) ou nas NPs de sílica (Benezra, et al., 2011). O valor do IC dos QDs desobstruíveis renais sem ligandos activos foi de apenas 1,8 (Choi, et al., 2010), inferior ao das GS-AuNPs (3,0). No entanto, uma vez que os QDs foram conjugados com ligandos de orientação, tais como GPI (ácido 2-[(3-amino-3-carboxipropil)(hidroxi)fosfinil)-metil]pentano-1,5-dioico) e cRGD (péptido Arg-Gly-Asp cíclico monomérico), o valor CI aumentou para 5,0 e 6,9, respetivamente. Também foram observados aumentos semelhantes na eficiência do alvo tumoral das NPs de sílica PEGylated. Depois de conjugadas com o péptido cRGD, a acumulação de NPs de sílica renal transparente nos tumores aumentou de 0,9 para 1,5% ID/g (Benezra, et al., 2009) . Uma razão potencial para o efeito EPR relativamente fraco nos QDs ou nas NPs de sílica desobstruíveis a nível renal deve-se à sua farmacocinética. As meias-vidas de eliminação no sangue dos QDs e das NPs de sílica são de apenas 2-5 h; mais curtas do que o tempo mínimo necessário (6 h) para que o efeito EPR funcione bem (Iyer, et al.,2006). No entanto, as melhorias observadas nas eficiências de direcionamento para o tumor de QDs (Choi, et al.,

2010) e NPs de sílica (Benezra, et al., 2011) que podem ser limpos e limpos para uso renal, depois de conjugados com legendas de direcionamento ativo, lançam luz sobre uma via para aumentar ainda mais a eficiência de direcionamento para o tumor de muitas outras NPs limpas para uso renal.

Referências

Colvin, V. L. (2003). The potential environmental impact of engineered nanomaterials (O potencial impacto ambiental dos nanomateriais artificiais). NatBiotechnol 21, 1166-1170.

Oberdorster, G. (2000). Toxicologia das partículas ultralinas: estudos in vivo. Phil Trans R Soc London A 358, 2719-2740.

Donaldson, K., Stone, V., Clouter, A., Renwick, L., & MacNee,W. (2001). Ultralne particles. Occup Environ Med 58, 211-216.

Warheit, D. B., Webb, T. R., Colvin, V. L., Reed, K. L., & Sayes, C. M. (2007). Estudos de bioensaio pulmonar com partículas de quartzo em nanoescala e !ne em ratos: a toxicidade não depende do tamanho das partículas mas das caraterísticas da superfície. Toxicol Sci 95, 270-280.

Warheit, D. B., Webb, T. R., Reed, K. L., Frerichs, S., & Sayes, C. M. (2007b). Estudo de toxicidade pulmonar em ratos com três formas de partículas de TiO2 ultralne: respostas diferenciais relacionadas com as propriedades da superfície. Toxicologia 230, 90-104.

Oberdorster, G., Maynard, A., Donaldson, K., Castranova, V., Fitzpatrick, J., Ausman, K., Carter, J., Karn, B., Kreyling,W., Lai, D., Olin, S., Monteiro-Rivere, N.,Warheit, D. B., & Yang, H. (2005). Princípios para a caraterização dos potenciais efeitos na saúde humana decorrentes da exposição a nanomateriais: elementos de uma estratégia de rastreio. Part Fibre Toxicol, 2:8.

Borm, P. J. A., Robbins, D., Haubold, S., Kuhlbusch, T., Fissan,H., Donaldson, K., Sehins, R. P. F., Stone, V., Kreyling, W., Lademann, J., Krutmann, J., Warheit, D. B., & Oberdorster, E. (2006). The potential risks of nanomaterials: a review carried out for ECETOC. Part Fibre Toxicol 3:ll(14August2006).

Nano Risk Framework (2007). Instituto Nacional de Segurança e Saúde Ocupacional (NIOSH) (2007). Approaches to Safe Nanotechnology: An information exchange with NIOSH [Online] Disponível em http://www.cdc.gov/niosh/topics/nanotech/safenano/.

Warheit, D. B., Hoke, R. A., Finlay, C., Donner, E. M., Reed, K. L., & Sayes, C. M. (2007c). Desenvolvimento de um conjunto básico de testes de toxicidade utilizando partículas de TiO2 ultralne como componente da gestão do risco das nanopartículas.

Toxicol Lett 171, 99-110.

Welsher, K., Yang H., (2014):Nat. Nanotechnol.,, 9, 198-203.

Chauhan , A., Zubair , S., Tufail, S., Sherwani, A., Sajid , M., Raman , S. C., Azam, A., Owais, M., (2011): Int. J. Nanomedicine, 6, 2305-2319.

Hazra, S., Ghosh, N. N., J. (2014): Nanosci. Nanotechnol., 14, 19832000.

Oberdorster, G., Oberdorster, E., Oberdorster, J.(2005): Environ. Health Perspect, 113, 823-839.

Bakand, S., Hayes, A.,(2012): Dechsakulthom, F., Inhal Toxicol,,

Unfried, K., Albrecht, C., Klotz, L. O.,(2007 Von Mikecz, A., Grether-Beck, S., Sehins, R. P. F., Nanotoxicology, 1, 52-71.

Kumar, C.,(2006):Nanomaterials-Toxicity, Health and Environmental Issues, Wiley-VCH.

Alarifi, S., Ali, D., Ahamed, M., Siddiqui, M. A., Al-Khedhairy, A.A.,(2013 Int. J. Nanomedicine,, 8, 189-199

Sabella, S., Carney, R. P., Brunetti, V., Malvindi, M. A., Al- Juffali, N., Vecchio, G., Janes, S. M., Bakr, O. M., Cingolani, R., Stellacci, F., Pompa,P. P.(2014) Nanoscale, 6, 7052- 7061.

Jena, N. R., J. Biosci, (2012): 37, 503-17.

Ray, P. D., Huang, B. W., Tsuji, Y.,(2012): Cell Signal, 24, 981- 90.

Griendling, K. K., FitzGerald, G. A., (2003): Circulation, 108, 19121916.

Rallo, R., França, B., Liu, R., Nair, S., George, S., Damoiseaux, R., Giralt, F., Nel, A., Bradley, K., Cohen, Y.,(2011): Environ. Sci. Technol., 45, 1695-1702.

Petersen, E. J., Nelson, B. C., (2010): Anal. Bioanal. Chem., 398, 613650.

Kirkinezos, G., Moraes, C. T.,(2001): Seminários em Biologia Celular e do Desenvolvimento, 449-457.

Arora, S., Rajwade, J. M., Paknikar, K. M.,(2012): Toxicol. Appl. Pharmacol., 15, 151-65.

Hoet, P. H. M., Bruske-Hohlfeld, I., Salata, O. V., J.(2004): Nanobiotechnol., 2, 1-15.

Lippmann, M., Environ. Health Perspec, (1990), 88, 311-317.

Ferin, J., (2004): Toxicol. Lett., 72, 121-125.

Semmler, M., Seitz, J., Mayer, P., Heyder, J., Oberdorster, G., Kreyling, W. G.,(2004): Inhalation Toxicol, 16, 453-459.

Liu, J., Wong, H. L., Moselhy, J., Bowen, B., Wu, X. Y., Johnston, M. R., (2006): Lung Cancer, 51, 377-386.

Ng, A. W., Bidani, A., Heming, T. A.,(2004): Lung, 182, 297-317.

Brown, D. M., Donaldson, K., Stone, V.,(2014): Respir. Res., 5, 29.

Takenaka, S., Karg, E., Roth, C., Schulz, H., Ziesenis, A., Heinzmann, U., Schramel, P., Heyder, J.,(2001): Environ. Health Persp., 109, 547551.

Borm, P. J. A., Robbins, D., Haubold, S., Kuhlbusch, T., Fissan, H., Donaldson, K.,Schins, R. P. F., Stone, V., Kreyling, W., Lademann, J., Krutmann, J., Warheit, D., Oberdorster, E., (2006): Part. Fibre Toxicol, 3, 11.

Peters, A., Veronesi, B., Calderon-Garciduenas, L., Gehr, P., Chen, L. C., Geiser, M., Reed, W., Rothen-Rutishauer, B., Schurch, S., Schultz, H.,(2006): Part. Fibre Toxicol, 3, 13.

Oberdorster, G., Sharp, Z., Atudorei, V., Elder, A., Gelein, R. Lunts, A., (2002): J. Toxicol. Environ. HealthA, 65, 1531- 1543.

Elder, A., Gelein, R., Silva, V., Feikert, T., Opanashuk, L., Carter, J., Potter, R., Maynard, A., Ito, Y., Finkelstein, J., Oberdorster, G., (2006): Environ. HealthPerspect, 114, 1172- 1178.

Lockman, P. R., Koziara, J. M., Mumper, R. J., Allen, D. D., J.(2004): Drug Targ., 12, 635-641.

Shwe, T. T. W., Yamamoto, S., Kakeyama, M., Kobayashi, T., Fujimaki, H., (2005): Toxicol. Appl. Pharmacol., 209, 51-61.

Geiser, M., Rothen-Rutishauser, B., kapp, N., Schurch, S., Kreyling, W., Schultz, H., Semmler, M., Im Hof, V., Heyder, J., Gehr, P.(2005): Environ. HealthPerspect, 113,

1555-1560.

Chen, J., Tan, M., Nemmar, A., Song, W., Dong, M., Zhang, G., Li, Y.,(2006):Toxicol., 222,195-201.

Donaldson, K., Tran, L., Jimenez, L. A., Duffin, R., Newby, D. E., Mills, N., MacNee, W., Stone, V.,(2005): Part. Fibre Toxicol, 2, 10.

Nemmar, A., Hoylaerts, M. F., Hoet, P. H. M., Dinsdale, D., Smith, T., Xu, H., Vermylen, J., Nemery, B., Am. J. (2002): Respir. Crit. Care Med., 166, 998-1004.

Gatti, A. M. Montanari, S. Monari, E. Gambarelli, A. Capitani, F. Parisini, B., J. (2004): Mater. Sci. Mater. Med., 15, 469-472.

Gatti, M., Rivasi, F.,(2002): Biomater., 23, 2381-2387.

Ballestri, M., Baraldi, A., Gatti, A. M., Furci, L., Bagni, A., Loria, P., Rapaa, M., Carulli, N., Albertazzi, A.,(2001): Gastroenterology, 121,1234-1238.

Gatti, A. M., (2004): Biomater., 25, 385- 392.

Jani, P., Halbert, G. W., Langridge, J., Florence, A. T., J. (1990): Pharm. Pharmacol, 42, 821-826.

Toll, R., Jacobi, U., Richter, H., Lademann, J., Schaefer, H., Blume-Peytavi, U., J.(2004): Invest. Dermatol, 123, 168-176.

Tinkle, S. S., Antonini, J. M., Rich, B. A., Roberts, J. R., Salmen, R., DePree, K., Adkins, E. J., (2003): Environ. Health Perspec, Ill, 1202-1208.

Monteiro-Riviere, N. A., Nemanich, R. J., Inman, A.O., Wang, Y. Y., Riviere, J. E.,(2005): Toxicol. Lett., 155, 377-384.

Tsuji, J. S., Maynard, A. D., Howard, P. C., James, J. T., Lam, C. W., Warheit, D. B.,(2006): Santamaria, A. B., Toxicol. Sci., 89, 42-50.

Araujo, L., Lobenberg, R., Kreuter, J., J. (1999): Drug Targ., 6, 373-385.

Hasegawa, M., Yoshida, K., Wakabayashi, H., Sudo, A.,(2012): Ortopedia, 36, 606-12.

Maynard, A. D.,(2006): Nature, 444, 267-269.

Nel, Xia, T., Madler, L., Li, N. Science, 2006, 311, 622-627.

Manke, A., Wang, L., Rojanasakul, Y., (2013): BioMed Res. Inter., doi: 10.1155/2013/942916.

Singh, N., Manshian, B., Jenkins, G. J. S., Griffiths, S. M., Williams, P. M., Maffeis, T. G. G., (2009): Wright, C. J., Doak, S. H., Biomaterials, 30,3891-3914.

Lucarelli, M., Gatti, A. M., Savarino, G., Quatronni, P., Martinelli, L., Monari,E.,Boraschi,D.,(2004): Eur.Cytokin.Net., 15,339-346

Vermylen, J., Nemmar, A., Nemery, B., Hoylaerts, F., J.(2005): Thromb. Haemost., 3, 1955-1961.

Romieu, Int. J. (2005): Tuberc. Lung Diseases, 9, 362-374.

Risom, L., Moller, P., Loft, S.,(2005): Mutat. Res., 592, 119-137.

Liu, G., Mena, P., Harris, P. R. L., Rolston, R. K., Perry, G., Smith, M. A., (2006): Neurosci. Lett., 406, 189-193.

Weiss, B., (2006): Neurotoxicologia, 27, 362-368, 2006.

Antonini, J. M., Santamaria, A. B., Jenkins, N. T., Albini, E., Lucchini, R.,(2006): NeuroToxicol., 27, 304-310.

Bosi, S., da Ros, T., Spalluto, G., Prato, M.,(2003): Eur. J. Med. Chem., 38,913-923.

Schubert, D., Dargusch, R., Raitano, J., Chan, S. W., (2006): Biochem. Biophys. Res. Commun., 342, 86-91.

Schulz, H., Hardewr, V., Ibald-Mulkli, A., Khandoga, A., Koenig, W., Krombach, F., Radykewicz, R., Stampfl, A., Thorand, B., Peters, A., J. (2005): Aerosol Med., 18, 1-22.

Nemmar, A., Hoet, P. H., Vanquickenbome, B., Dinsdale, D., Thomeer, M., Hoylaerts, M. F., Vanbilloen, H., Mortelmans, L., Nemery, B., (2002): Circulation, 105, 411-414.

Lanone, S., Boczkowski, J., (2006): Curr. Mol. Med., 6, 651- 663.

Lomer, M. C. E., Thompson, R. P. H., Powell, J. J.,(2002): Proc. Nutrition Soc.,61, 123-130.

Lomer, M. C.E., Hutchinson, C., Volkert, S., Greenfield, S.M., Catterall, A., Thompson, R. P. H., Powell, J. J., British J.(2004): Nutrition, 92, 947-955

Ali, M., Afzal, M., Bhattacharya, S. M., Ahmad, F. J., Dinda, A.(2013): K., Expert Opin. Drug. Deliv., 10, 665-678.

Shi, H., Magaye, R., Castranova, V., Zhao, J., (2013): Part. Fibre Toxicol, doi:10.1186/1743-8977.

Poon, V. K., Burd, A., (2004): Bums, 30, 140-147.

Hardman R. A((2006): revisão toxicológica dos pontos quânticos: a toxicidade depende de factores físico-químicos e ambientais. Environ Health Perspect 114:165-172. [PubMed: 16451849].

Ballou B, et al. (2007): Imagem do nódulo linfático sentinela usando pontos quânticos em modelos de tumor de rato. Bioconjug Chem 18:389-396. [PubMed: 17263568].

Uyeda HT, Medintz IL, Jaiswal JK, Simon SM, Mattoussi H. (2005): Síntese de ligandos multidentados compactos para preparar fluoróforos de pontos quânticos hidrofílicos estáveis. J Am Chem Soc., 127:3870-3878.
[PubMed: 15771523].

Goel A, et al. (2000): Fv de cadeia única tetravalente geneticamente modificado do anticorpo monoclonal para pancarcinoma CC49: biodistribuição melhorada e potencial para aplicação terapêutica. Cancer Res ;60:6964-6971. [PubMed: 11156397].

Fu A, et al. (2007): Semiconductor quantum rods as single molecule fluorescentbiological labels. Nano Lett;7:179-182. [PubMed: 17212460] Mammen M, Choi SK, Whitesides GM. Interações polivalentes em sistemas biológicos: implicações para a conceção e utilização de ligandos e inibidores multivalentes. Angew Chem Int Ed Engl;37:2754-2794.

Choi H.S., et al. (2007): Nat. Biotechnol. 25 (10) 1165.

Miller J.C., J.H. (2004): Thrall, J. Am. Coll. Radiol. 1 (1 Suppl.) 4.

Chan K., W. Wong, (2007): Coord. Chem. Rev. 251 (17-20) 2428.

Wang H.E., et al. (2005): Nucl. Med. Biol. 32 (4) 367.

Liu R.S., et al. (2009): Nucl. Med. Biol. 36 (3) 305.

Kobayashi H., et al. (2001): Magn. Reson. Med. 45 (3) 454.

Yong K.T., et al. (2013): Chem. Soc. Rev. 42 (3) 1236.

DobrovolskaiaM.A., S.E. McNeil, (2007): Nat. Nanotechnol. 2 (8) 469.

Yang R.H., et al. (2007): Environ. Health Perspect. 115 (9) 1339.

Zrazhevskiy P., et al. (2010): Chem. Soc. Rev. 39 (11) 4326.

Liu Y.D., et al(2012): Angew. Chem. Int. Ed. 51 (26) 6373.

Lee J.H., et al. (2012): Quant. Imaging Med. Surg. 2 (4) 266.

Huang X.H., et al. (2010): ACS Nano 4 (10) 5887.

Lee J.E., et al. (2010): J. Am. Chem. Soc. 132 (2) 552.

Cobley C.M., et al. (2011): Chem. Soc. Rev. 40 (1) 44.

Ling D., et al. (2011): Angew. Chem. Int. Ed. 50 (48) 11360.

Xing H., et al. (2012): Curr. Opin. Chem. Biol. 16 (3-4) 429.

Longmire M., et al. (2008): Nanomedicine-UK 3 (5) 703.

Liu C.J., (2008): Formação e excreção da urina, em: D.N. Zhu (Ed.), Physiology, 7ª ed., People's Medical Publishing House, 212-239.

Choi H.S., J.V. (2010): Frangioni, Mol. Imaging 9 (6) 291.

Longmire M.R., et al. (2011): Bioconjug. Chem. 22 (6) 993.

Zhou C., et al. Angew. (2011): Chem. Int. Ed. 50 (14) 3168.

YuM.X.,etal. J. (2011): Am. Chem. Soc. 133 (29) 11014.

Zhou C., et al. Angew. (2012): Chem. Int. Ed. 51 (40) 10118.

Zheng J., et al. (2012): Nanoscale 4 (14) 4073.

Liu J.B., et al. J. (2013): Am. Chem. Soc. 135 (13) 4978.

Bums A.A., et al. (2009): Nano Lett. 9 (1) 442.

Lux F., et al. (2011): Angew. Chem. Int. Ed. 50 (51) 12299.

Park J.H., et al. (2009): Nat. Mater. 8 (4) 331.

Ruggiero A., et al. (2010): Proc. Natl. Acad. Sci. U.S.A. 107 (27) 12369.

Olmsted S.S., et al. (2001): Biophys. J. 81 (4) 1930.

LundU., et al. (2003): Am. J. Physiol. Renal. 284 (6) F1226.

Kobayashi H., et al. (1996): Cancer Res. 56 (16) 3788.

Salata O., J. (2004): Nanobiotechnol. 2 (1) 3.

Balogh L., et al. (2007) :Nanomedicine 3 (4) 281.

Semmler-Behnke M., et al. (2008): Small *4* (12) 2108.

Moghimi S.M., et al. (2012): Annu. Rev. Pharmacol. Toxicol. 52 481.

Choi H.S., et al. (2010): Nat. Nanotechnol. 5 (1) 42.

Xie J., et al. (2009): J. Am. Chem. Soc. 131 (3) 888.

Wu X., et al. (2010): Nanoscale 2 (10) 2244.

Zhang X.D., et al. (2012): Biomaterials 33 (18) 4628.

Perrault S.D., et al. (2009): Nano Lett. 9 (5) 1909.

Jokerst J.V., et al. (2011): Nanomedicine-UK 6 (4) 715.

Hong G.S., et al. (2012): Angew. Chem. Int. Ed. 51 (39) 9818.

Wang Y., et al. (2012): ACS Nano 6 (7) 5880.

Wang Y., et al. (2013): Nano Lett. 13 (2) 581.

Zhang G., et al. (2009): Biomaterials 30 (10) 1928.

Schipper M.L., et al. (2009): Small 5 (1) 126.

Choi H.S., et al. (2009): Nano Lett. 9 (6) 2354.

Arya H., et al. (2005): Biochem. Biophys. Res. Commun. 329 (4) 1173.

Dabbousi B.O., et al. (1997): J. Phys. Chem. B 101 (46) 9463.

Somers R.C., et al. (2007): Chem. Soc. Rev. 36 (4) 579.

Jackson,J.B. N.J. Halas, (2004) : Proc. Natl. Acad. Sci. U.S.A. 101 (52) 17930.

Jain P.K., et al. (2008): nAcc. Chem. Res. 41 (12) 1578.

Chen D.Y., et al. (2013): Adv. Funct. Mater. 23 (35) 4324.

Hobbs S.K., et al. (1998): Proc. Natl. Acad. Sci. U.S.A. 95 (8) 4607.

Iyer A.K., et al. (2006): Drug Discov. Today 11 (17-18) 812.

MaedaH., (2010): Bioconjug. Chem. 21 (5) 797.

Qian X.M., et al. (2008): Nat. Biotechnol. 26 (1) 83.

Davis M.E., et al. (2008): Nat. Rev. Drug Discov. 7 (9) 771.

Jiang T., et al. (2004): Proc. Natl. Acad. Sci. U.S.A. 101 (51) 17867.

Benezra M., et al. (2011): J. Clin. Invest. 121 (7) 2768.

yes

Buy your books fast and straightforward online - at one of world's fastest growing online book stores! Environmentally sound due to Print-on-Demand technologies.

Buy your books online at
www.morebooks.shop

Compre os seus livros mais rápido e diretamente na internet, em uma das livrarias on-line com o maior crescimento no mundo! Produção que protege o meio ambiente através das tecnologias de impressão sob demanda.

Compre os seus livros on-line em
www.morebooks.shop

info@omniscriptum.com
www.omniscriptum.com

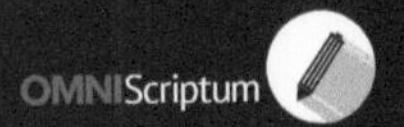

Printed by Books on Demand GmbH, Norderstedt / Germany